FORSCHUNGSBERICHT DES LANDES NORDRHEIN-WESTFALEN

Nr. 2975 / Fachgruppe Elektrotechnik/Optik

Herausgegeben vom Minister für Wissenschaft und Forschung

Prof. Dr.-Ing. Edmund Handschin
Dipl.-Ing. Eckhard Grebe
Dipl.-Ing. Gerhard Howe
Lehrstuhl für elektrische Energieversorgung
der Universität Dortmund

Optimale Netzführung unter Berücksichtigung von Sicherheitsbedingungen

Springer Fachmedien Wiesbaden GmbH 1980

CIP-Kurztitelaufnahme der Deutschen Bibliothek

Handschin, Edmund:
Optimale Netzführung unter Berücksichtigung von Sicherheitsbedingungen / Edmund Handschin ; Eckhard Grebe ; Gerhard Howe. - Opladen : Westdeutscher Verlag, 1980.

(Forschungsberichte des Landes Nordrhein-Westfalen ; Nr. 2975 : Fachgruppe Elektrotechnik, Optik)
ISBN 978-3-531-02975-7

NE: Grebe, Eckhard:; Howe, Gerhard:

Ursprünglich erschienen bei Westdeutscher Verlag GmbH, Opladen 1980

Gesamtherstellung: Westdeutscher Verlag

ISBN 978-3-531-02975-7 ISBN 978-3-663-19741-6 (eBook)

DOI 10.1007/978-3-663-19741-6

INHALT

VORWORT

Der vorliegende Bericht enthält die am Lehrstuhl für elektrische Energieversorgung an der Universität Dortmund erarbeiteten Ergebnisse auf dem Gebiet der optimalen Netzführung unter Berücksichtigung von Sicherheitsbedingungen. In den Bericht aufgenommen wurden alle Beiträge, die in engem thematischen Zusammenhang mit der Aufgabenstellung stehen, auch wenn deren Bearbeitung nicht unmittelbar durch das MWF-Forschungsprojekt finanziert worden sind. Eine derart umfangreiche Problemstellung erfordert viele Einzeluntersuchungen, die sehr gut im Rahmen von Diplomarbeiten oder durch studentische Hilfskräfte durchgeführt werden können. Es ist mir deshalb an dieser Stelle ein persönliches Anliegen, all denen, die zum Gelingen dieser Arbeit beigetragen haben, zu danken. Gleichzeitig möchte ich mich hier für die großzügige Unterstützung durch das Ministerium für Wissenschaft und Forschung bedanken, die es uns ermöglicht hat, mit zusätzlichen Mitteln diese wichtige Problemstellung umfassend bearbeiten zu können. Gleichzeitig möchte ich auch der Hoffnung Ausdruck geben, daß die nun veröffentlichten Untersuchungen und Ergebnisse einem möglichst großen Interessenkreis zur Verfügung gestellt werden können.

1. Einleitung

Die zentrale Netzüberwachung und Führung nach optimalen wirtschaftlichen und sicherheitstechnischen Gesichtspunkten hat in den letzten zehn Jahren dank der enormen Leistungssteigerung auf dem Gebiet der Computertechnik einen hohen Stand erreicht. Die Notwendigkeit für die zentrale Netzführung ist zweifach.

Zunächst erfordert der Übergang zu größeren Blockleistungen eine zentrale Netzführung, denn nur so kann gewährleistet werden, daß die Wirtschaftlichkeit des Betriebes sichergestellt werden kann. Gleichzeitig muß jedoch auch die Versorgungskontinuität mit neuen Lösungen garantiert werden, da der Ausfall eines großen Blockes zu ganz anderen Netzzuständen führt als der Verlust von einigen MW. Es ist ein grundsätzliches neues Problem zu lösen, wenn in einem Netzverbund statt 100 MW nun auch 1000 MW-Blöcke bezüglich der Reservevorhaltung berücksichtigt werden müssen.

Neben dem Gesichtspunkt des Kraftwerkes spielt jedoch auch das Energieübertragungssystem eine wichtige Rolle. Der Übergang zu höheren Übertragungsspannungen erlaubt eine erhebliche Steigerung der Übertragungskapazität. Der bestmögliche Einsatz der verfügbaren Betriebsmittel von der zentralen Schaltleitung aus ist eine wichtige Voraussetzung für die wirtschaftliche und kontinuierliche elektrische Energieversorgung.

Die wichtige, systemtechnische Voraussetzung für die Überwachung und -führung elektrischer Netze ist die on-line Bestimmung des Netzzustandes mit Hilfe von Estimationsmethoden. Die dazu gehörenden Untersuchungen können heute in bezug auf die algorithmische Seite als im wesentlichen abgeschlossen betrachtet werden [1]*. Aktuelle Untersuchungen betreffen die Beobachtbarkeit des Netzzustandes mit einem Satz von Messungen sowie die Fragen der optimalen Meßgeräteplazierung [2]. Ein ganz wichtiges Problem betrifft die Implementierung von

---

* Die Literaturangaben sind am Ende jedes Kapitels zusammengestellt.

Estimationsmethoden auf Netzleitstellen-Rechnern, da gerade in diesem Zusammenhang wichtige, praktische Aufgaben gelöst werden müssen [3]. Im Rahmen des vorliegenden Berichtes wird davon ausgegangen, daß die on-line Zustandsschätzung des Netzzustandes als Lösung zur Verfügung steht.

Im Hinblick auf die optimale Netzführung unter Berücksichtigung von Sicherheitsbedingungen wird hier vom Standpunkt des vorbeugenden (präventiven) Betriebes ausgegangen. Im Gegensatz dazu ist die korrektive Betriebsführung zu sehen. Diese beiden Betriebsarten unterscheiden sich insofern, als im ersten Fall im voraus, d.h. bevor eine bestimmte Störung aufgetreten ist, geprüft wird, durch welche Maßnahmen die Auswirkung möglicher, in der Zukunft liegender Störungen möglichst gering gehalten werden kann. Im zweiten Fall wird die spezifische Störung, die ja nie im voraus bekannt ist, abgewartet, um dann zu versuchen, die Auswirkung dieser einen Störung zu minimieren.

Eine wichtige Voraussetzung spielt neben der Estimation die in Kapitel 2 behandelte Lastprognose bezüglich der Tagesganglinie der elektrischen Leistung. Für den Betrieb sind dabei Voraussageintervalle zwischen einer Stunde und einer Woche zu berücksichtigen. Von großer Bedeutung ist in diesem Zusammenhang die Detailanalyse des Verbraucherverhaltens. Es gibt im Gegensatz etwa zur Lastflußberechnung nicht ein oder zwei allgemein gültige Verfahren, die in jedem Fall eingesetzt werden können und zu guten Ergebnissen führen. Es ist deshalb jedem Prognoseverfahren eine ausführliche Datenanalyse vorzuschalten, die die Auswahl der optimal geeigneten Lösung entscheidend bestimmt. Es ist in diesem Zusammenhang noch kurz auf die geforderte Genauigkeit der Lastprognose einzugehen. Aus betrieblichen Gründen ist für die Prognosegenauigkeit etwa 2% für die Voraussage über eine Stunde, 4% für die Voraussage über 24 Stunden und 6% für die Voraussage über eine Woche anzusetzen. In [4] ist die Prognosegenauigkeit unmittelbar mit den Kraftwerksbetriebskosten in Verbindung gesetzt worden. Dabei ist gezeigt worden, daß der für eine computerorientierte Lastprognose erforderliche Aufwand weit geringer ist als die damit erreichbare Betriebskostenreduktion.

Für den on-line Betrieb ist die Lastprognose über 24 Stunden von besonderer Bedeutung. Zusammen mit dem aktuellen Betriebszustand kann so das Problem der optimalen Lastfluß-Steuerung behandelt werden. Kapitel 3 enthält die Wirk- und Blindleistungsoptimierung im stationären Betrieb. Dieses wichtige zentrale Gebiet ist von ausserordentlicher Wichtigkeit. Der Einsatz von Optimierungsverfahren in die Betriebsüberlegungen reicht schon viele Jahre zurück. Eine hervorragende Übersicht über die Entwicklung auf diesem Gebiet ist in [5] zu finden. Die heute bekannten, zum Einsatz gebrachten Lösungen lassen sich in zwei Hauptklassen einteilen: a) Lösungen basierend auf der linearen Programmierung z. B. [6] und b) Lösungen basierend auf der nichtlinearen Programmierung. Der vorliegende Bericht beruht auf dem zweiten Lösungsweg. Ziel dieser Arbeit ist zu zeigen, wie die dazugehörende Aufgabe formuliert werden muß, welche Lösungsmöglichkeiten verwendet worden sind und welche Ergebnisse erreicht worden sind. Während sich bei der Wirkleistungsoptimierung die Minimierung der Betriebskosten als natürliche Zielfunktion anbietet, ist das entsprechende Blindleistungsproblem nicht vergleichbar eindeutig. Deshalb wurde zwar übergeordnet die Forderung nach einem möglichst gleichmäßigen Spannungsprofil aufgestellt. Im einzelnen sind jedoch darauf aufbauend die Minimierung der blindleistungsabhängigen Netzverluste sowie die Minimierung der Spannungsabweichungen untersucht worden.

In beiden Fällen (Wirk- und Blindleistung) ist die Zahl der zu berücksichtigenden Nebenbedingungen ausserordentlich groß. Zu unterscheiden ist zwischen den technischen Randbedingungen, die unabhängig vom momentanen Betriebszustand sind, und den Sicherheitsnebenbedingungen, die nach Art und Größe vom Netzzustand abhängig sind. Als ein Beispiel für den ersten Fall seien die

Leistungsgrenzen des Generators erwähnt, die weder über- noch unterschritten werden können. Der zweite Fall ist wesentlich komplexer, da die Grenze der über eine Freileitung übertragbaren Leistung vom aktuellen Betriebszustand abängig ist und durch Netzausfallsrechnungen bestimmt werden muß.

Die in Kapitel 3 behandelte Optimierung wird oft als Tertiärregelung bezeichnet. Die Ergebnisse der Tertiärregelung sind die Sollwerte der Sekundärregelung und diese wiederum diejenigen der Primärregelung. Zu unterscheiden ist dabei nach Wirk- und Blindleistung, da die zugehörenden Netzregelvorgänge heute als entkoppelt betrachtet werden. Die folgende Gegenüberstellung soll den heutigen Stand der Technik verdeutlichen.

Netzregelung	Wirkleistung	Blindleistung
Primär	Turbinen-Drehzahl Regelung	Erregungregelung
Sekundär	Frequenz-Leistungs-Regelung	Blindleistungs-und Transformator-Steuerung
Tertiär	Optimaler-Wirkleistungsfluß	Optimaler Blindleistungsfluß

Während auf der Seite der Wirkleistungsregelung alle drei Regelebenen voll ausgebildet sind, besteht auf der Seite der Blindleistungsregelung heute noch keine damit vergleichbare Lösung. Dies hat einen guten technischen Grund, da die Blindleistungsprobleme in der Vergangenheit mit einfachen Mitteln gelöst werden konnten. Heute gewinnt die Spannungs-Blindleistungsregelung zunehmend an Bedeutung. Es wird deshalb ein vom MWF gefördertes Projekt bearbeitet, das sich mit der Frage der Sekundärregelung der Blindleistungsflüsse befaßt und somit als Folgeprojekt an das vorliegende lückenlos anschließt.

Aufgrund der bisherigen Überlegungen zeigt sich deutlich, daß die Frage nach der optimalen Betriebsführung ganz wesentlich vom betrachteten Zeitbereich abhängig ist. Die Umsetzung der Ergebnisse der Tertiärregelung in Netzführungsbefehle muß on-line ausgeführt werden. Durch das stochastische Lastverhalten ist dabei die stationäre Betrachtung des Netzes allein nicht ausreichend. Es ist deshalb in Kapitel 4 von grundsätzlichen Überlegungen ausgehend gezeigt worden, wie die dynamischen Netzvorgänge untersucht werden können. Dabei spielt zunächst die Frage nach dem zu betrachtenden Zeitintervall eine ganz wichtige Rolle. Nicht untersucht wurde hier das Kurzzeitverhalten des Systemes, d.h. der Zeitbereich bis wenige Sekunden nach Auftreten einer Störung. Es muß vor allem bei der Untersuchung der transienten Stabilität betrachtet werden. Das Mittelzeitverhalten, d.h. bis zu 30 Sekunden ist dagegen ausführlich analysiert und durch Simulationsrechnungen nachgebildet worden. Diese Untersuchungen sind wichtig, denn sie zeigen, daß nach einer Störung eine Reihe von Zuständen durchlaufen werden, die mit stationären Überlegungen allein nicht erfaßt werden können. Erst das Zusammenspiel der drei genannten Regelaufgaben mit ihrer zeitlichen Versetzung können als Lösung der übergeordneten Netzführungsaufgabe betrachtet werden.

Es ist dabei klar zu erkennen, daß gerade die Kraftwerke mit ihrem ausserordentlich unterschiedlichen dynamischen Verhalten sehr detailiert untersucht werden müssen, um richtige und brauchbare Aussagen machen zu können. Es hat sich im Rahmen der vorliegenden Arbeit gezeigt, daß die optimale Netzführung ganz wesentlich durch die Kraftwerksregelung mitgeprägt wird. Dabei spielt das Langzeitverhalten des Energieversorgungssystemes eine wichtige Rolle, d.h. ein Zeitbereich der sich von einigen Sekunden bis zu Minuten hin erstreckt. Es wird gezeigt, wie durch eine systematische Verbesserung des Regelverhaltens thermischer Kraftwerke die Netzführung insgesamt verbessert werden kann. Die dabei benutzten Methoden werden ausführlich dargestellt, um die gewonnenen Resultate nachvollziehbar und bewertbar zu machen. Mit diesem Teil der

Arbeit wird die Netzregelung der Wirkleistung vervollständigt. Die Erweiterung der stationären Überlegungen mit Hilfe der im folgenden beschriebenen Mittel- und Langzeitmodelle führt zu einem wesentlich besseren Systemverständnis und zu neuen Lösungen, deren Einsatz für die praktische Netzleittechnik von großer Bedeutung ist.

Literatur

[1] F.C. Schweppe und E. Handschin: "State Estimation in Electric Power Systems", IEEE Proceedings, Vol. 62, No.7, 1974

[2] C. Bongers: "Optimale Mess-Systeme für die zuverlässige Überwachung elektrischer Energieübertragungsnetze", Promotionsarbeit Universität Dortmund, 1979

[3] K. Homann: "On-line Implementierung von State Estimation für die Netzüberwachung", Diplomarbeit EV 8002, Universität Dortmund 1980

[4] K.W. Edwin und A.H. El-Sayed: "Tageslastprognose für den Betriebseinsatz von Kraftwerkssystemen", Beitrag zum DAK der CIGRE-SC, Frankfurt 1980

[5] J. Carpentier: "Optimal Power Flows", Electric Power & Energy Systems, Vol. 1, April 1979, S. 3-15

[6] G. Wagner: "Lastflußsteuerung bei zuverlässigen Betriebsständen in Hochspannungsnetzen", Dissertation RWTH Aachen, 1978

[7] E. Handschin: "Einsatz neuer digitaler Regelkonzepte für die zentrale Führung elektrischer Energieversorgungssysteme", Forschungsvorhaben gefördert durch das MWF, AZ II 85-FA 82240, 1980

2. Computerorientierte Prognose des elektrischen Leistungsbedarfs

2.1 Problemstellung

Die genaue Lastprognose ist eine wichtige Voraussetzung für einen wirtschaftlichen und zuverlässigen Netzbetrieb [1]. Gewünscht wird dabei die Voraussage der Tagesbelastungskurve über ein Zeitintervall bis zu einer Woche.

Äußere Einflußfaktoren können die Last beeinflussen. Zu diesen Einflußfaktoren gehören meterologische Größen (Helligkeit, Temperatur, Feuchtigkeit usw.), aber auch vom Kalender vorgegebene Daten (z.B. Tage in der Nachbarschaft von Feiertagen) sowie Werks- und Schulferien, Streiks, populäre Fernsehsendungen usw. die Rolle dieser Einflußfaktoren kann anhand von Datenmaterial aus der Vergangenheit untersucht werden.

Die Datenanalyse ist eine entscheidende Voraussetzung für die Entwicklung geeigneter computerorientierter Lastprognoseverfahren. Der Übergang zur automatischen Lastprognose verfolgt im wesentlichen zwei Ziele: Entlastung der Operateure von Routinearbeiten (wodurch u.a. eine häufigere Lastprognose ermöglicht wird) und Verbesserung der Genauigkeit der automatischen Lastprognose gegenüber der manuellen Prognose.

Automatische Lastprognoseverfahren, die für den on-line-Einsatz vorgesehen sind, sollten zudem die Möglichkeit enthalten, auf interaktivem Wege Korrekturen vornehmen zu können, wenn unvorhergesehene Enwicklungen eintreten (z.B. Ausfall eines Großverbrauchers) oder korrigierte Wetterprognosen verfügbar sind [2].

Die im folgenden wiedergegebenen Untersuchungsergebnisse basieren auf Daten eines Stadtwerkes mit eigener Kraftwerksleistungserzeugung.

2.2 Datenanalyse

Bild 2.1 illustriert das typische Lastverhalten während einer Woche. Die Tagesbelastungskurven von Werktagen sind untereinander recht ähnlich und können repräsentativ durch Kurve 1 dargestellt werden. Das Lastverhalten

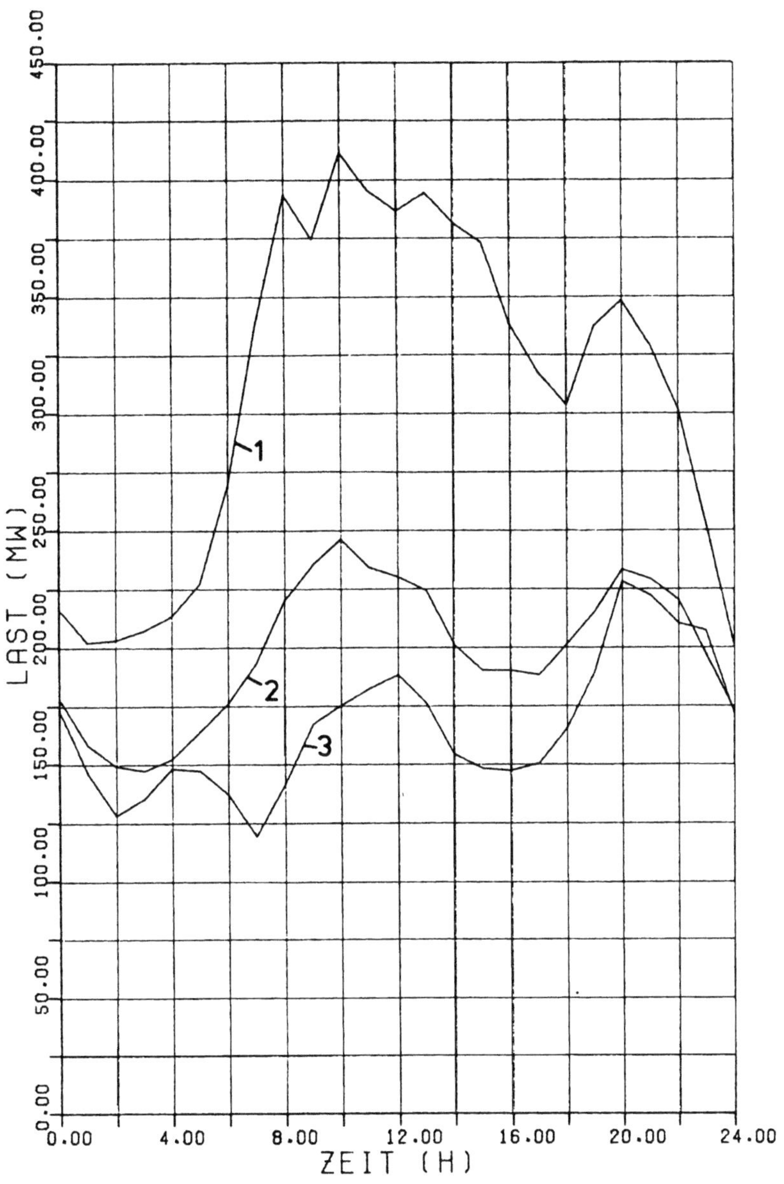

Bild 2.1 : Tagesbelastungskurven für typische Wochentage

1 - Werktag

2 - Samstag

3 - Sonntag

während der Tagesstunden ist vom Bedarf der Industrie, Handwerks- und Dienstleistungsbetriebe gekennzeichnet; am Abend tritt eine Lichtspitze auf. Der reduzierte Leistungsbedarf der Betriebe kennzeichnet den Samstagvormittag (Kurve 2). Die Tagesbelastungskurve des Sonntags (Kurve 3) ist durch den nahezu völligen Wegfall des industriellen und gewerblichen Leistungsbedarf gekennzeichnet. Die Spitzenlast tritt hier stets als Lichtspitze in den Abendstunden auf. Für Feiertage gilt ähnliches wie für Sonntage.

Die saisonalen Einflüsse auf die Last werden durch die Darstellung der mittleren wöchentlichen Belastung in Bild 2.2 illustriert. Man erkennt langsame saisonale Änderungen, die wesentlich auf Änderungen der Temperatur (Auswirkungen auf die Heizlast) und Änderungen der Tageslängen (Auswirkungen auf die Lichtlast) zurückzuführen sind. Da in Deutschland Klimatisierungseinrichtungen wenig verbreitet sind, ist die Belastung im Sommer wesentlich geringer als im Winter. Abweichend vom Lasttrend sind auf Abweichungen vom jahreszeitlichen Temperaturtrend und auf weitere äußere Einflußfaktoren, z.B. Feiertage während einer Woche zurückzuführen.

Die (normierte) Autokorrelationsfunktion $r_{zz}(\tau)$ der Last $z(t)$ (identifiziert anhand der Lastdaten von 50 Wochen) in Bild 2.3 zeigt deutlich, daß die Periodizität das entscheidene Merkmal des Lastverhaltens ist. Aus $r_{zz}(o) \approx r_{zz}(168)$ erkennt man, daß der dominierende Lastanteil durch eine periodische Funktion mit der Grundperiodenlänge von 168 Stunden (= 1 Woche) gegeben ist. Die Periodizität von Tag zu Tag ist nicht so stark ausgeprägt, da das Lastverhalten an Werktagen und Wochenenden verschieden ist.

2.3 Prognoseverfahren

Für die Last $z(t)$ wird der Ansatz

$$z(t) = y_p(t) + y(t) \tag{2.1}$$

gemacht, wobei $y_p(t)$ eine periodische Funktion mit einer Periodendauer von 168 Stunden darstellt. Die Funktionswerte von $y_p(t)$ werden durch lineare Regression berechnet. Bei stündlichen Lastdaten sind für n_p vergangene Wochen die Lastdaten

$$z_k(t_i) \qquad \begin{array}{l} i = 1,2,\dots, 168 \text{ Stunden} \\ k = 1,2,\dots, n_p \text{ Wochen} \end{array}$$

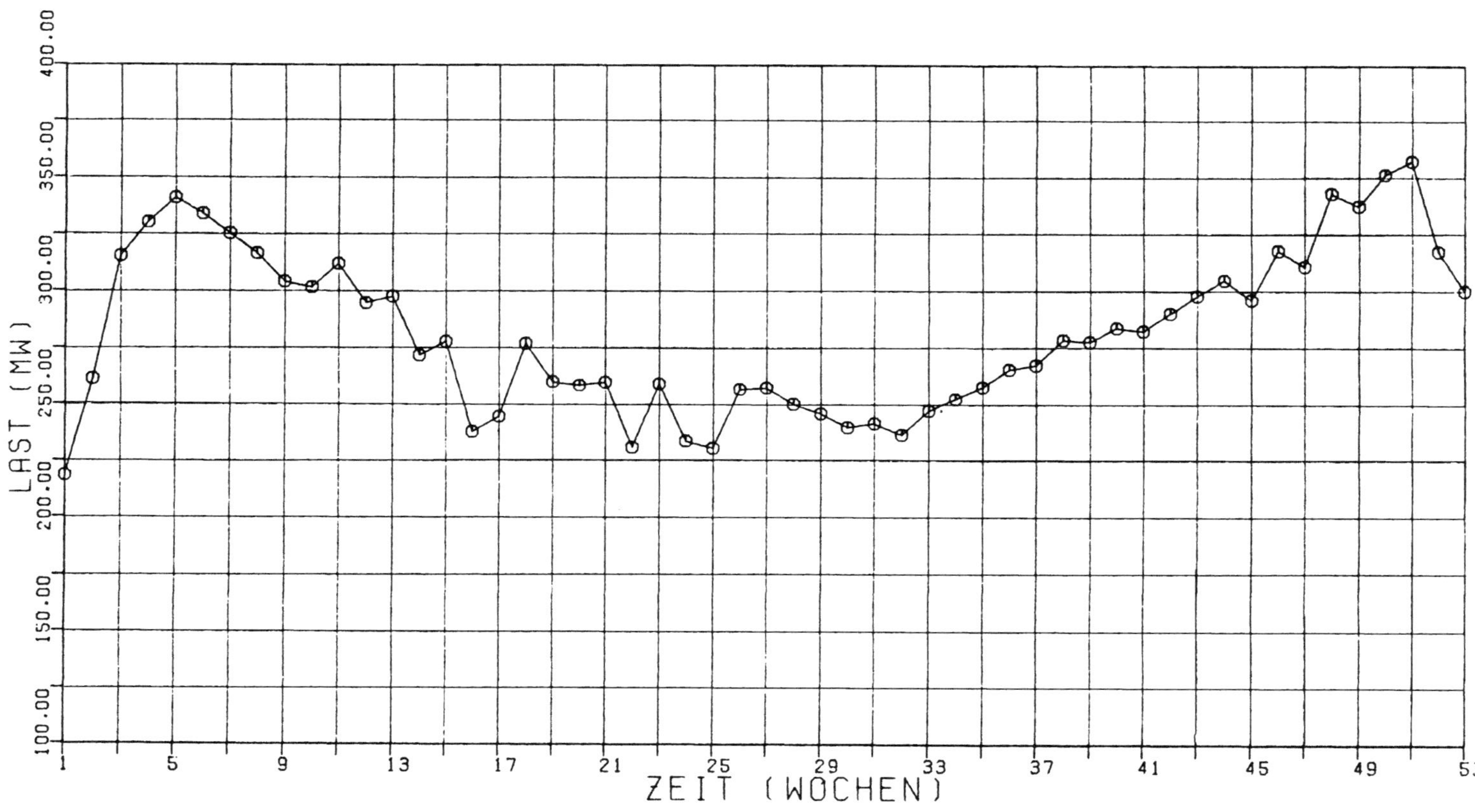

Bild 2.2: Mittlere wöchentliche Belastung

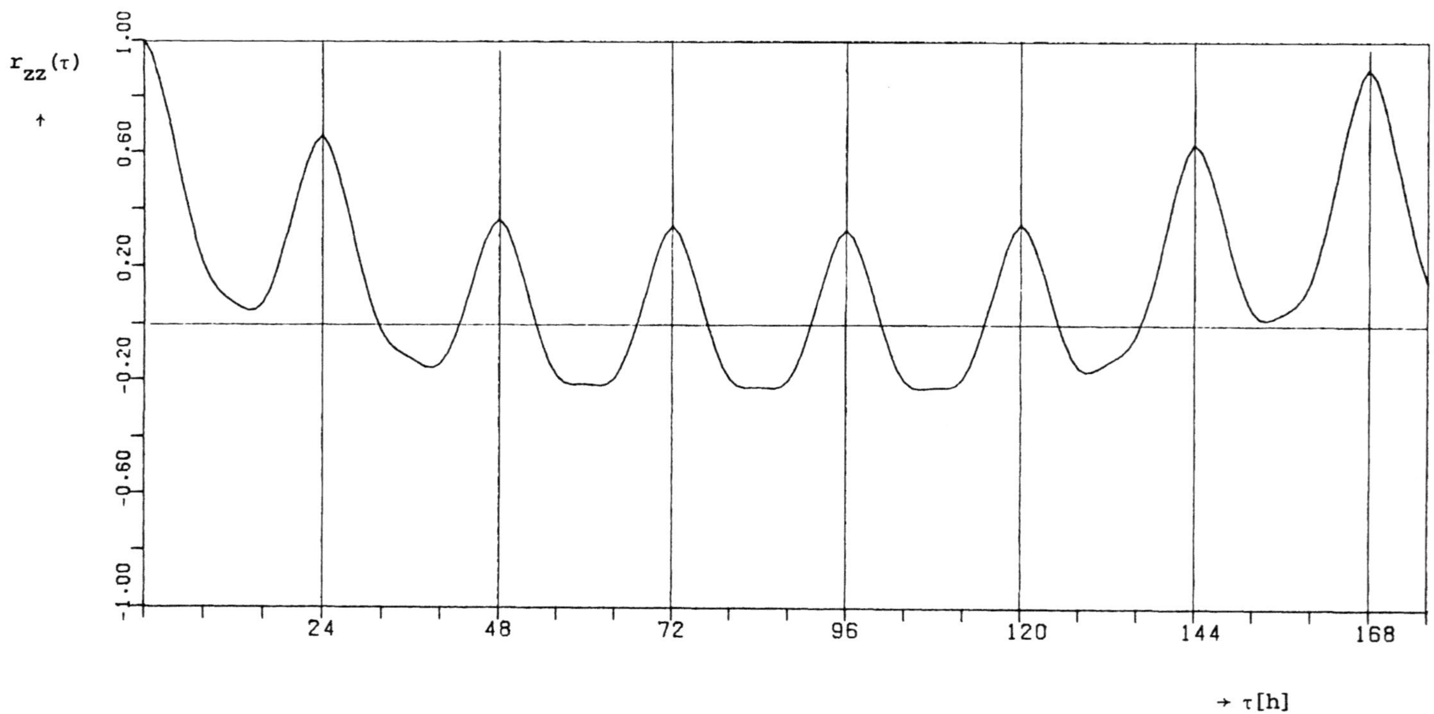

<u>Bild 2.3</u>: Autokorrelationsfunktion $r_{zz}(\tau)$ der Last $z(t)$

vorhanden. Durch die Lastdaten der i-ten Stunde von n_p vergangenen Wochen wird die Regressionsgerade

$$\tilde{z}_k(t_i) = b_i\ (x_k - \bar{x}) + \bar{z}_i \tag{2.2}$$

mit $x_k = k-1$ (2.2a)

$$\bar{x} = \frac{1}{n_p} \sum_{k=1}^{n_p} x_k \tag{2.2b}$$

$$\bar{z}_i = \frac{1}{n_p} \sum_{k=1}^{n_p} z_k(t_i) \tag{2.2c}$$

$$b_i = \frac{\sum\limits_{k=1}^{n_p} x_k z_k(t_i) - \frac{1}{n_p} \sum\limits_{k=1}^{n_p} [x_k] \cdot \sum\limits_{k=1}^{n_p} [z_k(t_i)]}{\sum\limits_{k=1}^{n_p} x_k^2 - \frac{1}{n_p} [\sum\limits_{k=1}^{n_p} x_k]^2} \tag{2.2d}$$

gelegt. Auf diese Weise erhält man mit einem Prediktionsintervall von einer Woche den Wert

$$y_p(t_i) = \tilde{z}_{n_p+1}\ (t_i) = b_i\ (x_{n_p+1} - \bar{x}) + \bar{z}_i \tag{2.3}$$

als Lastprognose für die i-te Stunde der kommenden Woche (periodisches Lastprognoseverfahren).

Die numerische Untersuchung des Lastprognosefehlers $y(t)$ in Gl. (2.1) zeigt, daß er am besten durch ein lineares, autoregressives Modell nachgebildet wird.

$$y(t) = \sum_{i=1}^{m} \alpha_i\ y(t-i) + w(t) \tag{2.4}$$

wobei $w(t)$ den verbleibenden Lastprognosefehler darstellt. Durch Multiplikation von Gl.(2.4) mit $y(t-\tau)$ und anschließender Bildung der Erwartungswerte auf beiden Seiten erhält man das Gleichungssystem

$$\rho_{yy}(\tau) = \alpha_1 \, \rho_{yy}(\tau-1) + \ldots + \alpha_m \, \rho_{yy}(\tau-m) \qquad (2.5)^*$$

$$\tau = 1,2,\ldots,l$$

zur Bestimmung der unbekannten Koeffizienten α_i. Ersetzt man die theoretische Autokorrelationsfunktion $\rho_{yy}(\tau)$ durch ihre aus $y(t)$ bestimmte empirische Estimation $r_{yy}(\tau)$ aus den Daten von n_a vergangenen Wochen so erhält man für $l= m$ ein eindeutig bestimmtes Gleichungssystem (Yule-Walker-Gleichungen). Für $l>m$ werden die Koeffizienten α_i nach der Methode der kleinsten Fehlerquadrate ermittelt. Mit den wöchentlich neu zu identifizierenden Koeffizienten α_i lassen sich aus den Lastprognosefehlern $y(t)$ vergangener Stunden die Korrekturen

$$\hat{y}(t+j) = \sum_{i=1}^{m} \alpha_i \, y(t-i+j) \qquad j = 0,1,2,\ldots \qquad (2.6)$$

zum Zeitpunkt $t-1$ für die Zeitpunkte $t, t+1,\ldots, t+k$ berechnen. Die unbekannten $y(t+k)$, $k=0,1,\ldots, j-1$ werden hierbei durch $\hat{y}(t+k)$ ersetzt (autoregressives Lastprognoseverfahren).

Für die Wahl optimaler Parameter n_p, n_a, l, m werden die stündlichen Lastdaten eines Jahres herangezogen. Auswahlkriterium ist die Minimierung der Standardabweichung der Lastprognosefehler.

Bei schwankendem Lasttrend wirken sich kleine n_p-Werte negativ aus; andererseits erfassen zu große n_p-Werte den saisonalen Lasttrend falsch. Die besten Resultate erzielt man bei $n_p=5$ (den größten vom Lastprognoseprogramm zugelassenen Wert) mit leichten Vorteilen gegenüber $n_p= 4$ und deutlichen Vorteilen gegenüber $n_p=3$. Die besten Korrekturen bei der Anwendung des autoregressiven Lastprognoseverfahren erhält man für $m=1$ (getestet: $m=1,2,3$ bei $n_p=5$). In diesen Fall sind die Resultate nahezu unabhängig von der Wahl von n_a und l (im Gegensatz zu $m=2$ und insbesondere $m=3$). Zur Reduzierung der Rechenzeit wählt man n_a und l klein.

---

* Es ist $\rho_{yy}(\tau) = E\,\{y(t)y(t+\tau)\}$. Gl. (2.5) gilt unter der Annahme, daß $E\{y(t-\tau)w(t)\} = 0$ für $\tau > 0$.

Das auf der Basis dieser Gleichungen erstellte Programm liefert Lastprognosen für alle Tage. Lediglich für Feiertage wird keine Lastprognose geliefert; vergangene Feiertage werden bei der Berechnung der Lastprognose ebenfalls mitberücksichtigt.

2.4 Ergebnisse und Genauigkeitsdiskussionen

Das periodische Lastprognoseverfahren für Prediktionsintervalle zwischen einer Stunde und einer Woche liefert bereits gute Resultate. Bild 2.4 zeigt die Ganglinien der Last z(t), der eine Woche im voraus gerechneten Lastprognose $y_p(t)$ und des Fehlers y(t) für eine Winterwoche. Bei der Prognose der Spitzenlasten sowie der Last während der Nachtstunden treten allerdings noch relativ große Fehler auf, die auf nichtperiodische Lastschwankungen, verursacht z.B. durch ungewöhnlich kalte Wintertage, zurückzuführen sind.

Die Verbesserung der Lastprognose durch die Anwendung des autoregressiven Lastmodells (2.4) illustriert Bild 2.5. Die Lastprognosewerte werden hier jeweils eine Stunde im voraus angegeben. Der Lastprognosefehler ist deshalb deutlich reduziert; Spitzenlasten und Lastwerte während der Nacht werden genauer vorausgesagt. Die Mitberücksichtigung von Lastwerten der jeweils vergangenen Stunde bei der Berechnung der Lastprognose führt zur Entdeckung nichtperiodischer Lastschwankungen und erlaubt die Bestimmung von Korrekturwerten. Auch bei Prediktionsintervallen von zwei oder drei Stunden erreicht man im allgemeinen eine Verbesserung gegenüber dem Einsatz nur des periodischen Lastprognoseverfahrens. Genauere Lastprognosen einige Stunden im voraus, wie sie das autoregressive Lastprognoseverfahren liefert, sind inbesondere für die on-line Netzführung von Bedeutung.

Vergrößerte Lastprognosefehler beobachtet man bei besonderen, vom Kalender vorgegebenen Ereignissen: Karnevalstage, verkaufsoffene Samstage, Ferienbeginn, Wochentage in der Nachbarschaft von Feiertagen sowie bei merklichen Veränderungen der Witterungsverhältnisse (insbesondere bei außergewöhnlich kalten Wintertagen). Diese Fehlerspitzen werden beim autoregressiven Lastprognoseverfahren deutlich reduziert, insbesondere bei einem Prediktionsintervall von einer Stunde. Hierbei ist insbesondere

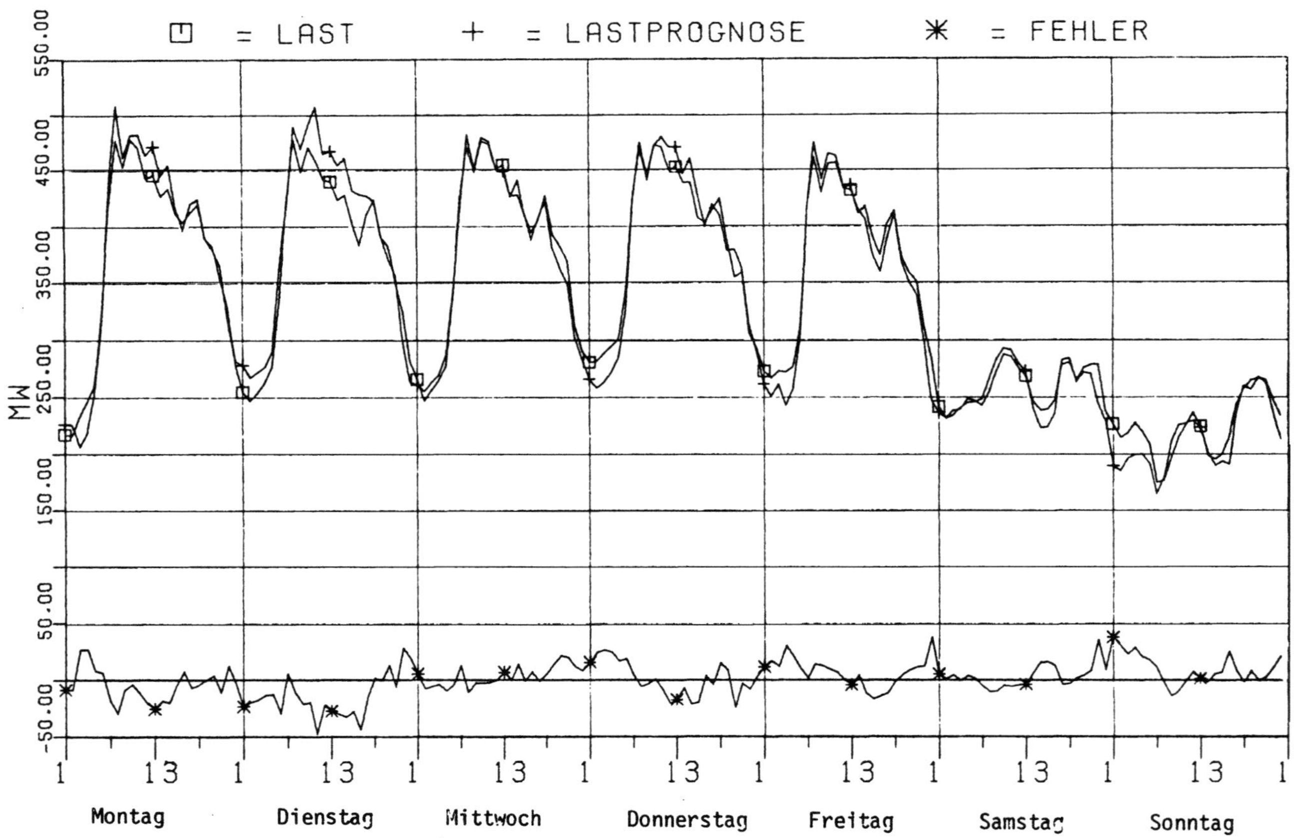

Bild 2.4: Last, Lastprognose und Lastprognosefehler über eine Woche (periodisches Lastprognoseverfahren, Prediktionsintervall eine Woche)

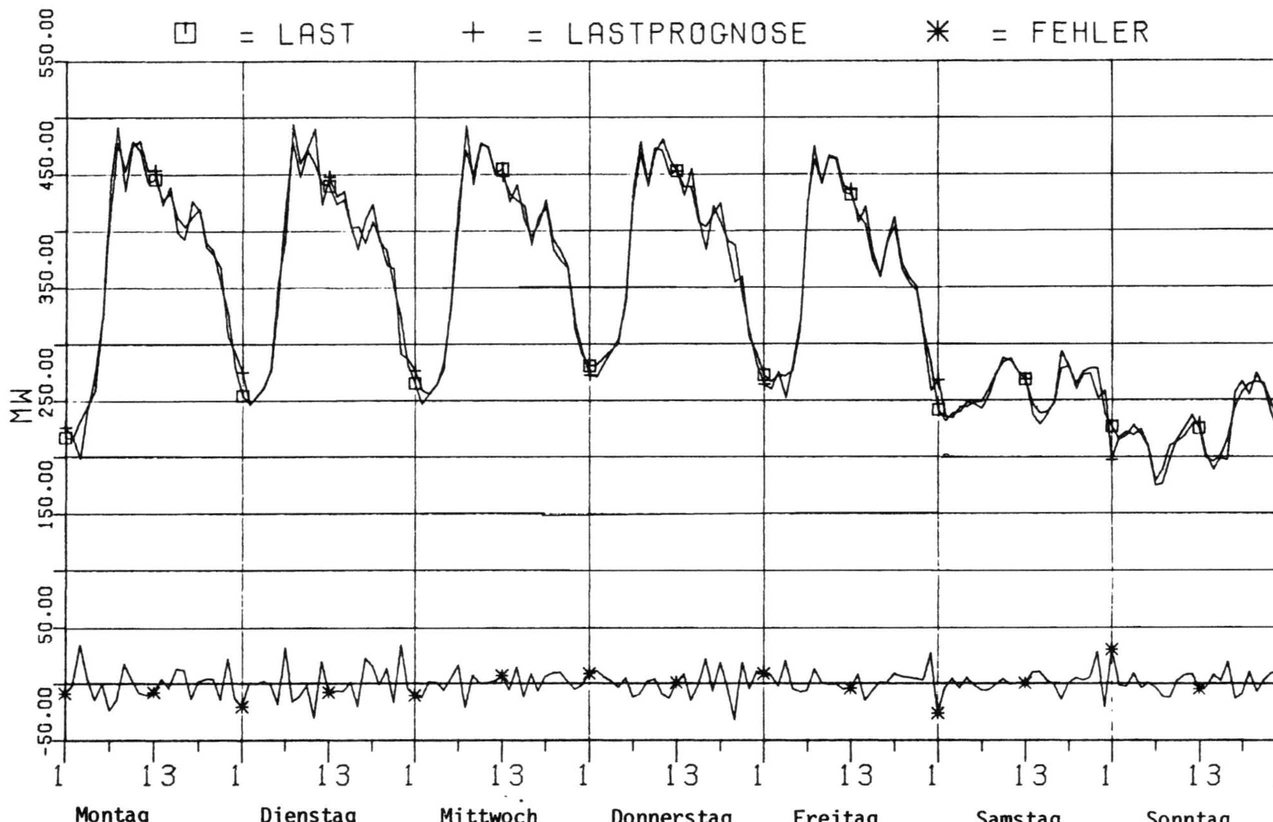

Bild 2.5: Last, Lastprognose und Lastprognosefehler über eine Woche (autoregressives Lastprognoseverfahren, Prediktionsintervall eine Stunde)

festzustellen, daß die Reduzierung der Lastprognosefehler (bei einem Prediktionsintervall von einer Stunde) am größten ist, wenn das periodische Lastprognoseverfahren ungewöhnlich große Lastprognosefehler aufweist. Während der Verlauf der Standardabweichung des Lastprognosefehlers über der Zeit beim periodischen Lastprognoseverfahren relativ große Schwankungen aufweist, verläuft die zugehörige Kurve für das autoregressive Lastprognoseverfahren vergleichsweise glatt und konstant. Über einen Zeitraum von mehreren Wochen gesehen, haben die Lastprognosefehler beim periodischen resp. autoregressiven Lastprognoseverfahren den Mittelwert 0. Tabelle 1 zeigt die 2σ-Abweichungen (σ: Standardabweichung) der Lastprognosefehler für einen 47-wöchigen Testzeitraum Die Prozentangaben beziehen sich auf die im Testzeitraum aufgetretene Spitzenlast von 550 MW.

Prognosezeit (Stunden im voraus)	2 σ- Abweichung (in MW)	in % der Spitzenlast 1977
1	22.3	4.1 %
2	28.1	5.2 %
3	32.0	5.9 %
168	43.5	8.0 %

Tabelle I: Prognoseresultate für ΔT = 1,2,3 und 168 h

Bei der Lastprognose mit dem vorhandenen Lastprognoseprogramm ist mit Prognosefehlern in der Größe der in Tabelle I angegebenen 2σ - Abweichungen für die verschiedenen Längen des Prediktionsintervalls zu rechnen. Diese Abweichungen werden in 95% aller Fälle nicht überschritten (Normalverteilung der Prognosefehler angenommen).

2.5 Zusammenfassung

Das hier vorgestellte Lastprognoseverfahren ist besonders einfach bezüglich der Datenanforderungen und des Rechenaufwandes. Die erreichten

Ergebnisse zeigen eine befriedigende Genauigkeit. Der Schwerpunkt der weiteren Entwicklung liegt nun auf der Modellierung des Temperatureinflusses sowie der Behandlung von aussergewöhnlichen Lastdaten, die z.B. von Feiertagen während der Woche verursacht werden. Ziel dieser Entwicklung ist ein interaktives Prognoseverfahren, das die eingangs geforderte Genauigkeit einhält, leicht zu benutzen ist und im Hinblick auf die erforderlichen Daten keine allzu großen Forderungen stellt. Über die Ergebnisse dieser Untersuchungen wird in einem Beitrag auf dem IEE-Meeting "Operational and Control of Electric Power Systems" im Juni 1980 in London berichtet [2].

Literatur

[1] IEEE Committee Report: "Load Forecast Bibliography Phase I, IEEE Trans. PAS, Vol. 99, No. 1, 1980

[2] E. Handschin und B. Lütke-Daldrup: "Load Modelling and Prediction in Electric Power Systems", Int. Conference on Power System Monitoring and Control, London, June 1980

3. Wirk- und Blindleistungsoptimierung im stationären Betrieb

3.1 Überblick

Die Hauptaufgabe bei der zentralen Führung elektrischer Energieversorgungsnetze besteht darin, für die angeschlossenen Verbraucher kontinuierlich eine sowohl qualitativ als auch quantitativ ausreichende Versorgung mit elektrischer Energie sicherzustellen. Innerhalb dieses Aufgabenbereichs ist es im stationären bzw. quasistationären Betrieb die Zielsetzung der Wirk- und Blindleistungsoptimierung (optimaler Lastfluß), eine optimale Einstellung der Leistungseinspeisungen der Kraftwerke, der Regeltransformatoren und der Kompensationseinrichtungen anzugeben. Während im Normalbetrieb die Minimierung der brennstoffabhängigen Betriebskosten im Vordergrund steht (wirtschaftliche Lastverteilung), ist insbesondere in Spitzenlastzeiten zu gewährleisten, daß neben den aus betrieblichen Gründen einzuhaltenden Grenzbedingungen vor allem die aus der Netzsicherheit resultierenden Randbedingungen eingehalten werden.

In Richtung auf eine on-line Implementierung hin sind deshalb sowohl bei der Wirkleistungs- als auch bei der Blindleistungsoptimierung Verfahren anzustreben, die auf der Basis aktueller Systeminformationen gezielt die für einen optimalen Betrieb erforderlichen Einspeisungen resp. Änderungen von Transformatorstufenstellungen für einen sicheren Netzbetrieb ermitteln. Sind durch einen vorausgegangenen Ausfall eines Betriebsmittels (z.B. Hochspannungsfreileitungen) weitere Betriebsmittel so stark belastet, daß weitere Störungen die Folge sein können, so sind gezielte Maßnahmen vorzunehmen, bestehende Überlastungen abzubauen oder zumindest zu reduzieren.

Für diese Aufgabe ist es notwendig, zunächst im Rahmen der Netzüberwachung über eine on-line State Estimation den aktuellen Betriebszustand des Netzes, d.h. die Netztopologie und alle Einspeisungen, Lasten und Leistungsflüsse sowie die komplexen Knotenspannungen zuverlässig zu ermitteln. Anhand der Ergebnisse können dann Grenzwertüberschreitungen bei bestimmten Knotenspannungen oder Leitungsbelastungen festgestellt und als Nebenbedingungen der Wirk- und Blindleistungsoptimierung formuliert werden.

Ausgangsbasis für den optimalen Lastfluß ist, daß auf Grund von Lastprognosen ein optimaler Einsatzplan für die zur Verfügung stehenden Kraftwerke ermittelt wird, wobei folgende Randbedingungen zu berücksichtigen sind:

- Blockgröße
- Wartungsintervalle
- Mindesteinsatzzeiten
- Betriebskosten
- Vorhaltung von Reserveleistung
- Brennstoffabnahmeverpflichtungen

Die in diesem Abschnitt vorgestellten Untersuchungen zur Wirk- und Blindleistungsoptimierung beschränken sich auf die Berücksichtigung von in Betrieb befindlichen Kraftwerksblöcken. Zu- und Abschaltung von Kraftwerksblöcken unter Einbeziehung der Anfahr- resp. Abfahrkosten werden nicht betrachtet.

Untersucht man die Gliederung des optimalen Lastflusses innerhalb der Aufgaben der zentralen Netzführung näher, so läßt sich folgende Zuordnung treffen (Bild 3.1).

Bei Auftreten von Störungen in Energieübertragungsnetzen werden zunächst transiente Vorgänge ablaufen, deren Dauer im wesentlichen durch die Zeitkonstante des thermodynamischen Kreislaufs der Kraftwerksgeneratoren bestimmt wird. Die Primärregelung bewirkt bei einer Laständerung eine über die Statik bestimmte, bleibende proportionale Frequenzabweichung. Die Aufgabe der übergeordneten Frequenz-Leistungsregelung (Sekundärregelung) ist es, den aufgetretenen Frequenzfehler wieder auf den Sollwert auszuregeln.

Der Sekundärregelung ist schließlich der optimale Lastfluß überlagert, über den die Wirk- bzw. Blindleistungseinspeisungen nach wirtschaftlichen bzw. sicherheitstechnischen Gesichtspunkten eingestellt werden. Entsprechend kann man hier auch von einer Tertiärregelung sprechen.

Durch diese Zuordnung wird deutlich, daß dem optimalen Lastfluß innerhalb der sicheren Netzbetriebsführung eine wichtige Rolle zukommt. Dabei ist zu berücksichtigen, daß bei der Formulierung des Optimierungsproblems den unterschiedlichen Zielsetzungen einer Wirkleistungs- bzw. Blindleistungsoptimierung Rechnung getragen wird.

3.2 Grundsätzliche Oberlegungen

Aus den im vorhergegangenen Abschnitt dargestellten Oberlegungen für eine Betriebsoptimierung in elektrischen Energieversorgungsnetzen unter Beachtung sicherheitsrelevanter Randbedingungen lassen sich folgende Grundanforderungen für eine on-line Implementierung ableiten:

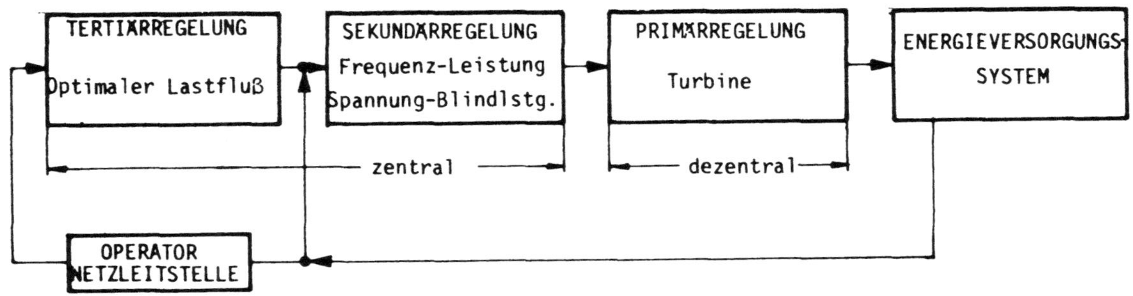

Bild 3.1 : Optimaler Lastfluß als Aufgabe der zentralen Netzführung

1. Wirk- und Blindleistungsoptimierung unter Einbeziehung von Kraftwerkseinspeisungen und Netztransformatoren
2. Berücksichtigung der von einem sicheren Netzbetrieb geforderten Randbedingungen unter Ausnutzung der über den aktuellen Systemzustand verfügbaren Informationen
3. Auswahl geeigneter Zielfunktionen für die Wirkleistungs- resp. Blindleistungsoptimierung
4. Sicherstellung einer schnellen und zuverlässigen Lösung

Zwei Ansatzpunkte für einen optimalen Lastfluß unter Sicherheitsrandbedingungen sind grundsätzlich möglich. Wie bereits in [1] dargestellt, gibt es zunächst die Möglichkeit der vorbeugenden Sicherheitsoptimierung (preventive control) (Bild 3.2).

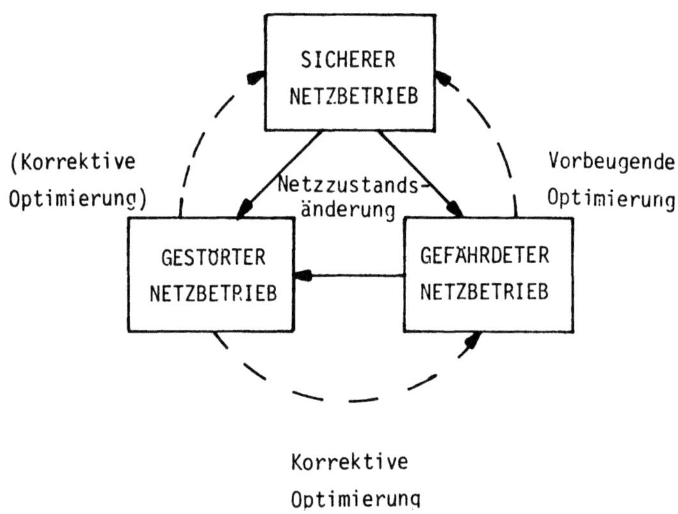

<u>Bild 3.2 :</u> Vorbeugende und korrektive Sicherheitsoptimierung

Darunter ist zu verstehen, daß unter Verwendung von Ausfallsrechnungen nach dem n-1 Prinzip, d.h. durch sukzessive Simulation der Auswirkungen des Ausfalls jeweils eines Netzzweiges, zunächst die Störfälle ermittelt werden, die zu nachfolgenden Überlastungen und damit weiteren Ausfällen führen können. Die daraus ermittelten Randbedingungen werden bei der Optimierung zugrunde gelegt und führen zu einer Lösung, die garantiert, daß auch bei Ausfall eines beliebigen Netzzweiges keine unzulässigen Überlastungen auftreten können. Dieses Vorgehen setzt voraus, daß vor jeder Optimierung sämtliche relevanten Störfälle simuliert werden. Dies kann insbesondere bei großen Netzen zu einem beträchtlichen Rechenaufwand führen, der insbesondere im Hinblick auf die on-line Implementierung problematisch erscheint.

Die zweite der in Bild 3.2 dargestellten Möglichkeiten läßt sich als korrektive Sicherheitsoptimierung (corrective control) beschreiben. Hier wird davon ausgegangen, daß bei der Optimierung die aktuell festgestellten Überlastungen einzelner Betriebsmittel in Form von Randbedingungen berücksichtigt werden. Diese Vorgehensweise setzt voraus, daß sämtliche hierzu notwendigen Informationen aus einer Datenbank verfügbar sind. Für eine vollständige und zuverlässige Datenbasis ist dabei eine vorausgehende State Estimation eine unbedingte Voraussetzung.

Das im folgenden beschriebene Verfahren basiert auf einer korrektiven Sicherheitsoptimierung, wobei der aus der Estimationsrechnung ermittelte aktuelle Systemzustand einerseits den Ausgangspunkt für einen Sensitivitätsansatz für einen optimalen Lastfluß bildet, andererseits daraus auch die für einen sicheren Netzbetrieb relevanten Randbedingungen abgeleitet werden können.

Es wird vorausgesetzt, daß sämtliche Eingangsdaten, d.h. Netztopologie, komplexe Knotenspannungen und Leistungsflüsse im Ausgangszustand bekannt sind.

3.3 Mathematisches Modell

Den Ausgangspunkt für die mathematische Formulierung des Optimierungsproblems bilden die linearisierten Lastflußgleichungen (Gl. 3.1)

$$\begin{vmatrix} \underline{\Delta P} \\ \underline{\Delta Q} \end{vmatrix} = \underline{J} \begin{vmatrix} \underline{\Delta \Theta} \\ \underline{\Delta U} \end{vmatrix} \qquad (3.1)$$

Stellt man dieses Gleichungssystem für n Wirkleistungsänderungen (n = Anzahl der Netzknoten) und n-1 Blindleistungsänderungen auf (ohne Blindleistungsänderung im Referenzknoten), so erhält man ein Gleichungssystem der Dimension 2n-1. Wie aus der Lastflußrechnung bekannt ist, existieren jedoch nur 2n-2 linear unabhängige Netzgleichungen, so daß das in Gl. 3.2 dargestellte Gleichungssystem linear abhängig ist und einen Rangabfall von 1 aufweist. Dementsprechend ist ein Eigenwert der Jacobi-Matrix $\underline{J}$ Null. Wie in [2] dargestellt, läßt sich zu diesem Eigenwert aus der folgenden Gleichung der zugehörige Linkseigenvektor $\underline{a}$ berechnen.

$$\underline{a}^T \begin{vmatrix} \underline{\Delta P} \\ \underline{\Delta Q} \end{vmatrix} = \underline{a}^T \, \underline{J} \begin{vmatrix} \underline{\Delta \Theta} \\ \underline{\Delta U} \end{vmatrix} = 0 \qquad (3.2)$$

Daraus folgt direkt eine Sensitivitätsbeziehung, die den Zusammenhang zwischen den Änderungen der Wirk- und Blindbilanzen in allen Netzknoten, verknüpft über die Koeffizienten des Eigenvektors $\underline{a}$, beschreibt.

$$\Delta P_1 + \sum_{i=2}^{n} a_{Pi}\, \Delta P_i + \sum_{i=2}^{n} a_{Qi}\, \Delta Q_i = 0 \qquad (3.3)$$

Es gilt $\underline{a} = \left| \underline{a}_P \; \underline{a}_Q \right|^T$, Knoten 1 ist der Referenzknoten.

Gl. 3.3 wurde in [3] als inkrementaler Lastfluß eingeführt. Hierbei ist berücksichtigt, daß ein Koeffizient des Eigenvektors als Lösung des homogenen Gleichungssystems Gl. 3.2 frei wählbar ist. Entsprechend wurde $a_{P1} = 1$ gesetzt.

Unter der Voraussetzung, daß im betrachteten Betriebspunkt die Lasten als konstant angenommen werden können, kann Gl. 3.3 auf die Wirk- und Blindleistungsänderungen in den Knoten reduziert werden, in denen Wirk- und/oder Blindleistungseinspeisungen vorhanden sind.

Berücksichtigt man zusätzlich in Gl. 3.1 den Einsatz von Stufentransformatoren, mit reellem Übersetzungsverhältnis ü, so ergibt sich folgende modifizierte Form:

$$\begin{vmatrix} \underline{\Delta P} \\ \underline{\Delta Q} \end{vmatrix} = \underline{J} \begin{vmatrix} \underline{\Delta \Theta} \\ \underline{\Delta U} \end{vmatrix} + \underline{T}\, \underline{\Delta ü} \qquad (3.4)$$

Mit Gl. 3.2, 3.3 und 3.4 sowie den oben getroffenen Vereinbarungen ergibt sich ein modifizierter, inkrementaler Lastfluß

$$\Delta P_{G1} + \sum_{i=2}^{n_G} a_{Pi}\, \Delta P_{Gi} + \sum_{i=2}^{n_G} a_{Qi}\, \Delta Q_{Gi} + \sum_{i=n_G+1}^{n_G+n_Q} a_{Qi}\, \Delta Q_{Gi} + \sum_{j=1}^{n_T} a_{Tj}\, \Delta ü_j = 0$$

(3.5)

Anmerkung: Im folgenden werden komplexe Größen durch Überstreichen, Matrizen und Vektoren durch Unterstreichen, die Transponierte einer Matrix $\underline{A}$ durch $\underline{A}^T$ und die Inverse durch $\underline{A}^{-1}$ gekennzeichnet.

n_G bezeichnet die Anzahl der Kraftwerkseinspeisungen, n_Q die Zahl der zusätzlich vorhandenen Blindleistungskompensationseinrichtungen (Synchronphasenschieber), $\Delta ü_j$ stellt die Änderung des Übersetzungsverhältnisses des i-ten Transformators dar, $\underline{T}$ ist die Jacobi-Matrix der Transformatorübersetzungen, der Vektor $\underline{a}_T$ kann, wie in [2] gezeigt, aus der Eigenvektorbeziehung analog zu Gl. 3.2 abgeleitet werden.

Mit Gl. 3.5 ist eine Sensitivitätsbeziehung abgeleitet, die für einen vorgegebenen Betriebspunkt den Zusammenhang zwischen Wirk- und Blindleistungs- sowie Übersetzungsverhältnisänderungen beschreibt.

3.4 Ableitung der Verlustkoeffizienten

Die in Kap. 3.3 abgeleitete linearisierte Lastflußberechnung (Gl. 3.5) beschreibt den Zusammenhang zwischen den Änderungen der unabhängigen Variablen des optimalen Lastflusses, der in jedem Betriebspunkt erfüllt sein muß. Der Vergleich mit den nichtlinearen Lastflußgleichungen zeigt, daß dort bei Änderungen der unabhängigen Variablen ebenfalls die Änderungen der Netzverluste berücksichtigt werden müssen. Es ist deshalb zu vermuten, daß die Koeffizienten des Eigenvektors der Jacobi-Matrix die Sensitivität der Netzwirkverluste in Abhängigkeit der Änderungen der unabhängigen Variablen darstellen. Das soll im folgenden näher untersucht werden.

Unter der Annahme einer konstanten Spannung im Referenzknoten muß der Slackgenerator, wie auch aus dem Lastflußproblem bekannt, die im Netz auftretenden Wirk- und Blindleistungsverluste decken. Daraus folgend läßt sich das vollständige Differential der Netzverluste in Abhängigkeit der unabhängigen Variablen angeben zu

$$dP_V = \sum_{i=2}^{n_G} \frac{\partial P_V}{\partial P_{Gi}} dP_{Gi} + \sum_{i=2}^{n_G} \frac{\partial P_V}{\partial Q_{Gi}} dQ_{Gi} + \sum_{i=n_G+1}^{n_G+n_Q} \frac{\partial P_V}{\partial Q_{Gi}} dQ_{Gi} + \sum_{i=1}^{n_T} \frac{\partial P_V}{\partial ü_i} dü_i \qquad (3.6)$$

Andererseits kann für die Änderung der Netzverluste folgende Differenzenbeziehung aufgestellt werden:

$$\Delta P_V = \sum_{i=1}^{n_G} \Delta P_{Gi} \tag{3.7}$$

Mit Gl. 3.4 und 3.7 erhält man dann die Beziehung

$$\Delta P_V = \sum_{i=2}^{n_G} (1-a_{Pi})\, \Delta P_{Gi} - \sum_{i=2}^{n_G} a_{Qi}\Delta Q_{Gi} - \sum_{i=n_G+1}^{n_G+n_Q} a_{Qi}\Delta Q_{Gi} - \sum_{i=1}^{n_T} a_{Ti}\Delta ü_i \tag{3.8}$$

Geht man in Gl. 3.6 ebenfalls zu Differenzengrößen über, so erhält man durch Koeffizientenvergleich mit Gl. 3.8 folgende Ergebnisse:

$$a_{Pi} = 1- \frac{\partial P_V}{\partial P_{Gi}} \qquad a_{Qi} =- \frac{\partial P_V}{\partial Q_{Gi}} \qquad i = 2,\dots,n_G$$

$$a_{Qi} = - \frac{\partial P_V}{\partial Q_{Gi}} \qquad i = n_G+ 1, \dots,n_G + n_Q$$

$$a_{Ti} = - \frac{\partial P_V}{\partial ü_i} \qquad i = 1,\dots,n_T \tag{3.9}$$

Die a_{Pi}, a_{Qi} bzw. a_{Ti} Koeffizienten geben somit für den betrachteten Betriebspunkt die Empfindlichkeit der Netzverluste von den Wirk- und Blindeinspeisungen bzw. den Transformatorübersetzungen an.

3.5 Zielfunktionen

Falls sich das betrachtete Energieversorgungssystem in Normalzustand befindet, d.h. es sind keine Sicherheitsnebenbedingungen aktiv, so wird die Lösung des optimalen Lastflußproblems ausschließlich durch die gewählte Zielfunktion bestimmt. Grundsätzlich lassen sich zwei Gruppen von Zielfunktionen unterscheiden.

Die erste Gruppe umfaßt die wirkleistungsorientierten Zielfunktionen. Da die Brennstoffkosten thermischer Kraftwerke eine nichtlineare Funktion der abgegebenen Wirkleistungen sind, ist es das Ziel der Wirkleistungsoptimierung, eine möglichst wirtschaftliche, d.h. kostenminimale Aufteilung der Netzlast auf die Kraftwerke zu bestimmen.

Bei der Gruppe der blindleistungsorientierten Zielfunktionen bestimmen weniger Kostengründe als vielmehr betriebliche Zielsetzungen die Wahl der Zielfunktion. Erfahrungen der letzten Jahre haben gezeigt, daß der Blindleistungsoptimierung als Aufgabe der on-line Netzführung in Zukunft eine wachsende Bedeutung zukommen wird. Insbesondere die Analyse von Großstörungen in den USA und Frankreich [4] hat gezeigt, daß durch eine ungünstige Blindleistungsaufteilung und ein damit verbundenes schlechtes Spannungsprofil in den betroffenen Netzen entweder die Störung ausgelöst oder der Verlauf der Störung so beeinflußt wurde, daß es zu einem Teil- bzw. Totalausfall der elektrischen Energieversorgung kam.

Im folgenden sollen die für die hier vorgestellten Untersuchungen verwendeten Zielfunktionen angegeben werden.

3.5.1 Wirkleistungsoptimierung

Als Zielfunktion für die Wirkleistungsoptimierung wurde eine quadratische Kostenkurve der Kraftwerkseinspeisungen gewählt:

$$F = \sum_{i=1}^{n_G} f_i = \sum_{i=1}^{n_G} (b_{1i} P_{Gi}^2 + b_{2i} P_{Gi} + b_{3i}) \qquad (3.10)$$

wobei b_{1i}, b_{2i} bzw. b_{3i} die für jeden Generator zu ermittelnden Kostenkoeffizienten repräsentieren. Für die nachfolgend dargestellten Untersuchungsergebnisse wurden diese Koeffizienten als bekannt vorausgesetzt. Diese Kostenfunktion entspricht der der wirtschaftlichen Lastverteilung.

3.5.2 Blindleistungsoptimierung

Für die Blindleistungsoptimierung wurden zwei unterschiedliche Ansätze berücksichtigt. Die gemeinsame Zielsetzung ist dabei, daß für die optimale Spannungs- Blindleistungsverteilung im betrachteten Netz nicht lokale Sollwerte (z.B. konstanter Spannungsbetrag in bestimmten Netzknoten) maßgebend sind, sondern eine Lösung angegeben werden soll, die die Blindleistungssituation im gesamten Netz verbessert [5].

3.5.2.1 Minimierung der blindleistungsabhängigen Netzverluste

Mit dieser Zielsetzung soll gewährleistet werden, daß unabhängig von der momentanen Wirkbelastung des Netzes die Blindleistungseinspeisungen so eingestellt werden, daß die von den Blindleistungsflüssen hervorgerufenen Netzverluste minimal sind. In Schwachlastzeiten bedeutet dies, daß unnötig großer Blindleistungstransport im Netz vermieden wird. In Spitzenlastzeiten oder nach Netzstörungen können einzelne Leitungen durch hohe Wirkleistungsflüsse bereits an der Grenze ihrer Belastbarkeit betrieben werden. Eine Minimierung der von den Blindleistungsflüssen hervorgerufenen Verluste bewirkt hier, daß unnötige Zusatzbelastungen der Leitungen und damit mögliche Überschreitungen der thermischen Belastbarkeitsgrenze vermieden werden können.

Allgemein lassen sich die Netzverluste durch folgende Beziehung beschreiben [6]:

$$P_V = \sum_{i=1}^{n} \sum_{k=1}^{n} \left((P_i P_k + Q_i Q_k)\, \alpha_{ik} + (P_i Q_k - Q_i P_k)\, \beta_{ik} \right) \qquad (3.11)$$

mit

$$\alpha_{ik} = \frac{R_{ik}}{V_i V_k} \cos(\Theta_i - \Theta_k) \qquad \beta_{ik} = -\frac{R_{ik}}{V_i V_k} \sin(\Theta_i - \Theta_k) \qquad (3.12)$$

$\underline{Z}_{ik} = R_{ik} + jX_{ik}$ ist ein Element der komplexen Knotenimpedanzmatrix.

Minimale blindleistungsabhängige Verluste bedeuten, daß die partiellen Ableitungen der Wirkverluste nach den Blindleistungseinspeisungen zu Null werden müssen.

$$\frac{\partial P_V}{\partial Q_{Gi}} = 0 \qquad i = 2,\ldots,n_G+n_Q \qquad (3.13)$$

Entsprechend gilt für die verlustminimale Einstellung der Längstransformatoren

$$\frac{\partial P_V}{\partial \ddot{u}_i} = 0 \qquad i = 1,\ldots,n_T \qquad (3.14)$$

Aus Gl. 3.11 ist ersichtlich, daß die Wirkverluste quadratisch von den Blindleistungseinspeisungen abhängen. Untersuchungen haben gezeigt, daß der Differentialquotient $\partial P_V/\partial Q_{Gi}$ im wesentlichen nur von der Blindleistungseinspeisung Q_{Gi} im Knoten i abhängig ist. Daraus folgt mit Gl. 3.9 und 3.13

$$\frac{\partial P_V}{\partial Q_{Gi}} = - a_{iQ}' = - (a_{iQ} + \kappa_i \Delta Q_{Gi}) = 0 \qquad i = 2,\ldots,n_G+n_Q \qquad (3.15)$$

Eine analoge Beziehung kann auch für die Transformatoren angegeben werden:

$$\frac{\partial P_V}{\partial \ddot{u}_i} = - a_{iT}' = - (a_{iT} + \xi_i \Delta \ddot{u}_i) = 0 \qquad i = 1,\ldots,n_T \qquad (3.16)$$

Die Koeffizienten κ_i und ξ_i in Gl. 3.15 bzw. 3.16 können durch eine Sensitivitätsanalyse ermittelt werden.

3.5.2.2 Minimierung der Spannungsabweichungen

Neben der Einhaltung einer konstanten Netzfrequenz ist die Spannungshaltung die zweite wichtige Forderung an die Qualität der elektrischen Energieversorgung. Durch die schwankende Netzbelastung kann auch die Netzspannung nicht exakt auf einen bestimmten Wert gehalten werden. Innerhalb der einzelnen Spannungsebenen sind deshalb Toleranzbänder, die den zulässigen Schwankungsbereich der Knotenspannungen eingrenzen. Im durch die zentrale Netzführung überwachten Hochspannungsnetz liegt die Schwankungsbreite bei ca ± 15 % um die Nennspannung.

Um die Abweichung der Knotenspannung von der Nennspannung möglichst klein zu halten und damit auch die Blindleistungsflüsse im Netz zu reduzieren, läßt sich folgende Zielfunktion formulieren:

$$F = \sum_{i=1}^{n} c_i (U_i - U_{iN})^2 \qquad (3.17)$$

c_i ist ein Wichtungsfaktor, U_{iN} die Nennspannung im Knoten i.

Die Zielfunktion sagt aus, daß im Optimum der gewichtete quadratische Spannungsfehler minimal wird. Über den Wichtungsfaktor c_i kann der Einfluß der einzelnen Spannungsdifferenzen auf die Zielfunktion gesteuert werden. Je größer oder kleiner der Faktor gegenüber den übrigen Faktoren gewichtet wird, umso stärker bzw. schwächer wird die entsprechende Spannungsabweichung gewichtet. Dies kann beispielsweise in dem Fall von Bedeutung sein, wenn bestimmte Spannungswerte sehr genau eingehalten werden müssen.

Da die Spannung U_i in Gl. 3.17 keine unabhängige Variable darstellt, muß sie durch die unabhängigen Stellgrößen des optimalen Lastflusses ausgedrückt werden. Wenn man davon ausgeht, daß der Einfluß der Wirkleistung auf die Spannung klein ist gegenüber dem der Blindleistung, so kann man folgende Beziehung aufstellen:

$$\begin{aligned} U_i &= U_i^o + \Delta U_i \\ &= U_i^o + \sum_{j=2}^{n_G+n_Q} \gamma_{ij}\, \Delta Q_{Gj} + \sum_{k=1}^{n_T} \rho_{ik}\, \Delta \ddot{u}_k \qquad i = 2,\dots,n \qquad (3.18) \end{aligned}$$

Die Koeffizienten γ_{ij} bzw. ρ_{ik} lassen sich, wie in [2] dargestellt, aus der Inversen der Jacobi-Matrix $\underline{J}$ bestimmen.

3.5.3 Randbedingungen der Wirk- und Blindleistungsoptimierung

Sowohl von der Seite des Netzbetriebes als auch von der Seite der Sicherheit ist die Einhaltung bestimmter Grenzen vorgeschrieben. Betriebsgrenzen, d.h. Grenzen der Wirk- und Blindeinspeisung der Generatoren bzw. der Stufenstellung der Regeltransformatoren können wie folgt als Ungleichungen dargestellt werden:

$$P_{Gi\ min} \leq P_{Gi} \leq P_{Gi\ max}$$

$$Q_{Gi\ min} \leq Q_{Gi} \leq Q_{Gi\ max} \qquad (3.19)$$

$$ü_{j\ min} \leq ü_{j} \leq ü_{j\ max}$$

Dabei bezeichnet P_{Gi}, bzw. Q_{Gi} die Wirk- bzw. Blindeinspeisung im Knoten i sowie $ü_j$ das Übersetzungsverhältnis des j-ten Transformators. Diese Ungleichungen können über Kuhn-Tucker-Variablen [2] in der Optimierung berücksichtigt werden. Die Sicherheitsgrenzen im optimalen Lastfluß ergeben sich aus dem zulässigen Spannungsband der Knotenspannungen sowie der maximal zulässigen Leitungsbelastung. Analog zu den Betriebsnebenbedingungen lassen sich auch diese Nebenbedingungen als Ungleichungen formulieren:

$$U_{i\ min} \leq U_{i} \leq U_{i\ max}$$

$$S_{ij} \leq S_{ij\ max} \qquad (3.20)$$

Dabei bezeichnet S_{ij} den Scheinleistungsfluß vom Knoten i nach j.

Im Fall von unzulässigen Überschreitungen von den in Gl. 3.20 vorgegebenen Grenzen ergeben sich für die Spannungen die Abweichungen zu

$$\Delta U_i \leq U_{i\ max} - U_{i\ akt} \qquad \Delta U_i \leq U_{i\ akt} - U_{i\ min} \qquad (3.21)$$

sowie für die Leistungsflüsse zu

$$\Delta S_{ij} \leq S_{ij\ max} - S_{ij\ akt} \qquad (3.22)$$

$U_{i\ akt}$ resp. $S_{ij\ akt}$ sind die aus der Estimation bekannten aktuellen Werte.

Ausgehend von Gl. 3.4 können die erforderlichen Korrekturen für die Spannungen bzw. Leistungsflüsse als Funktion der Wirk- und Blindeinspeisungen bzw.

der Transformatorübersetzungen dargestellt werden. So gilt für eine Korrektur ΔU_i der Spannung im Knoten i

$$U_{i\,min} \leq U_{i\,akt} + \Delta U_i \leq U_{i\,max} \tag{3.23}$$

und mit Gl. 3.5

$$\Delta U_i = \sum_{i=2}^{n_G} (\delta_i \Delta P_{Gi} + \gamma_i \Delta Q_{Gi}) + \sum_{j=n_G+1}^{n_G+n_Q} \gamma_j \Delta Q_{Gj} + \sum_{k=1}^{n_T} \rho_k \Delta \ddot{u}_k \tag{3.24}$$

wobei die δ_i, γ_i und ρ_k Koeffizienten, wie Gl. 3.18, aus der Inversen der Jacobi-Matrix $\underline{J}$ bestimmt werden. Für die Leistungsflüsse kann analog zu den Bilanzen (Gl. 3.1) ein linearisiertes Gleichungssystem bei vorgegebenem Arbeitspunkt hergeleitet werden.

$$\begin{vmatrix} \underline{\Delta G} \\ \underline{\Delta H} \end{vmatrix} = \underline{K} \begin{vmatrix} \underline{\Delta \Theta} \\ \underline{\Delta U} \end{vmatrix} = \underline{KJ}^{-1} \begin{vmatrix} \underline{\Delta P} \\ \underline{\Delta Q} \end{vmatrix} \tag{3.25}$$

$\underline{\Delta G}$ bezeichnet den Vektor der Wirkleistungsflüsse, $\underline{\Delta H}$ den der Blindleistungsflüsse, $\underline{K}$ ist die zugehörige Jacobi-Matrix.

Mit den aus Gl. 3.25 bestimmten Sensitivitätskoeffizienten läßt sich, wie auch in [2] dargestellt, eine zu Gl. 3.24 analoge Beziehung für die erforderlichen Leistungsflußkorrekturen aufstellen.

Damit sind sämtliche benötigten Sensitivitätsbeziehungen bekannt.
Wichtig ist an dieser Stelle festzuhalten, daß diese Randbedingungen nur eine Funktion der unabhängigen Veränderlichen sind. Abhängige Variablen sind weder in der Zielfunktion noch in den Nebenbedingungen enthalten.

3.6 Optimalitätsbedingungen

Entsprechend der Theorie der nichtlinearen Optimierung läßt sich das Problem der Wirk- und Blindleistungsoptimierung mit folgender Lagrange-Funktion L beschreiben:

$$L\ (\underline{x},\underline{\lambda},\underline{\nu}) = F(\underline{x}) - \sum_{i=1}^{m} \lambda_i\ G_i(\underline{x}) - \nu H(\underline{x}) \qquad (3.26)$$

$F(\underline{x})$ beschreibt die Zielfunktion (z.B. Gl. 3.10). Im Ausgangszustand existieren m Ungleichheitsnebenbedingungen $G_i(\underline{x})$ mit zugehörigen Lagrange-Faktoren λ_i. $H(\underline{x})$ stellt die skalare Netznebenbedingung (inkrementaler Lastfluß Gl. 3.6) dar, ν ist ebenfalls ein Lagrange-Faktor.

Im Optimum müssen die partiellen Ableitungen von Gl. 3.26 gleich Null sein. Entsprechend erhält man folgende Optimalitätsbedingungen:

$$\frac{\partial L}{\partial \underline{x}} = \nabla F(\underline{x}) - \sum_{i=1}^{m} \lambda_i \nabla G_i(\underline{x}) - \nu \nabla H(\underline{x}) = 0$$

$$\frac{\partial L}{\partial \underline{\lambda}} = G_i(\underline{x}) = 0 \qquad i = 1,\ldots,m$$

$$\frac{\partial L}{\partial \underline{\nu}} = H\ (\underline{x}) = 0$$

$$\lambda_i \geq 0$$

$$\lambda_i\ G_i\ (\underline{x}) = 0 \qquad i = 1,\ldots,m$$

$$\nu \text{ unbeschränkt} \qquad (3.27)$$

In der Formulierung der Gradientenbeziehungen in Gl. 3.27 sind die Ungleichheitsrestriktionen als Gleichheitsnebenbedingungen enthalten. Dies kann jedoch nur für den Fall gelten, daß sämtliche m Nebenbedingungen im Optimum bindend sind.

Jede Ungleichung beschränkt den zulässigen Wertebereich nur in einer Richtung, die gleiche Voraussetzung gilt somit auch für den zugehörigen Lagrange-Faktor, d.h. die λ_i sind vorzeichenbeschränkt. Es läßt sich zeigen, daß im Fall bindender Randbedingungen die zugehörigen Lagrange-Faktoren nicht-negativ sein müssen, im Fall nichtbindender Randbedingungen $G_i(\underline{x}) > 0$ und entsprechend

λ_i = 0 sein muß, d.h., die Randbedingung, die diese Bedingung erfüllt, kann eliminiert werden. Da die Kostenfunktionen quadratisch sind, beschreibt Gl. 3.27 ein lineares Gleichungssystem, das direkt gelöst werden kann, da, wie aus Kap. 3.5 hervorgeht, auch die Restriktionen linear sind [2].

3.7 Ergebnisse

Die Zielsetzung bei den durchgeführten numerischen Untersuchungen zum Thema der stationären Sicherheitsoptimierung läßt sich in drei Hauptgruppen unterteilen.

1. Oberprüfung des linearisierten Lastflußmodells auf Anwendbarkeit auf die Lösung des Problems der stationären Betriebsoptimierung

2. Betriebsoptimierung unter Einbeziehung von Sicherheitsrandbedingungen

3. Einsatz verschiedener Zielfunktionen für eine sichere und wirtschaftliche Netzbetriebsführung

3.7.1 Oberprüfung des linearisierten Lastflußmodells

Wie bereits aus den vorangegangenen Oberlegungen ersichtlich, basiert das dargestellte Verfahren auf Sensitivitätsbeziehungen, die für einen vorgegebenen Arbeitspunkt abgeleitet wurden. Daraus wurde dann ein linearisiertes Verlustmodell (Gl. 3.8) abgeleitet. In diesem Abschnitt soll untersucht werden, ob der linearisierte Ansatz bei der Lösung des Optimierungsproblems im Vergleich zu den exakten nichtlinearen Lastflußgleichungen eine zuverlässige, ausreichend genaue Lösung liefern kann.

Dazu wurde das in [6] angegebene Testnetz untersucht. In einer Reihe von Testrechnungen sollte der Gültigkeitsbereich des gewählten Ansatzes ermittelt werden. Ausgehend von unterschiedlichen Belastungssituationen wurde eine Vielzahl von Optimierungsrechnungen durchgeführt, wobei Gl. 3.10 als Zielfunktion verwendet wurde. Als Maß für die Änderung zwischen dem Ausgangszustand und dem optimierten Zustand wurde die Summe der Beträge der Wirkleistungsänderungen der Generatoren, bezogen auf die ursprüngliche Gesamteinspeisung, gewählt.

$$g_k = \frac{\sum_{i=1}^{n_G} | P_{Gi}^{o} - P_{Gi}^{k} |}{\sum_{i=1}^{n} P_{Gi}^{o}} \qquad (3.28)$$

k bezeichnet die Nummer des Belastungsfalls, P_{Gi}^{o} die Wirkeinspeisung des Generators i im Ausgangszustand sowie P_{Gi}^{k} dessen Einspeisung im Fall k. Zur Bestimmung des Fehlers des linearisierten Verlustmodells wurde mit den neu bestimmten Generatoreinspeisungen für jeden Belastungsfall eine nichtlineare Lastflußrechnung durchgeführt, um daraus die tatsächliche Wirkeinspeisung im Referenzknoten und damit die Änderung der Netzverluste exakt bestimmen zu können. Die Differenz zwischen neu bestimmter Einspeisung im Referenzknoten und dem aus der Optimierung ermittelten Wert, bezogen auf die Gesamteinspeisung, ergibt für den Fall k den normierten Fehler

$$f_k = \frac{P_{G1,LF} - P_{G1}^{k}}{P_{G,ges}^{o}} \qquad (3.29)$$

wobei $P_{G1,LF}$ die aus dem Lastfluß ermittelte Wirkeinspeisung im Referenzknoten und $P_{G,ges}^{o}$ die Gesamtwirkeinspeisung im Ausgangszustand darstellt.

Bild 3.3 zeigt den Verlauf des Fehlers über der bezogenen Gesamtänderung der Wirkleistung. Bei Vorgabe eines zulässigen Fehlers von 1% erhält man daraus eine maximale Wirkleistungsänderung von ca 40% bezogen auf die Gesamteinspeisung. In praktischen Fällen kann man davon ausgehen, daß die tatsächliche Änderung der Wirkeinspeisungen unterhalb des oben angegebenen Grenzwertes liegt, zumal durch das vorgegebene Leistungsband der Generatoren größere Änderungen der Einspeisung gar nicht möglich sind.

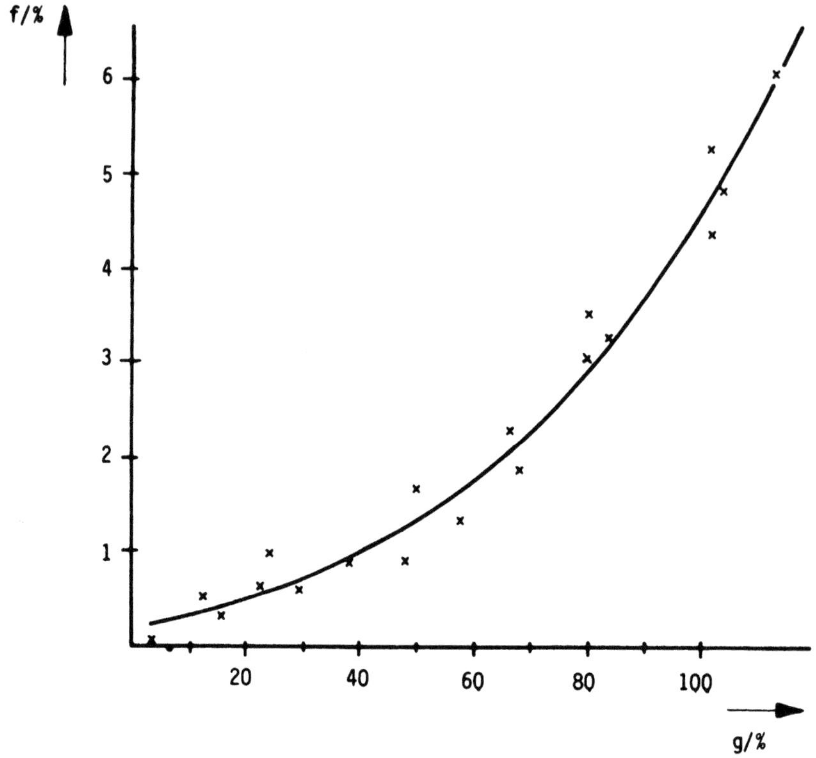

Bild 3.3 : Zur Fehlerermittlung des linearisierten Lastflußmodells
(x Simulationsergebnisse des 25 - Knoten Netzes)

Ähnliche Ergebnisse, wie sie für das oben verwendete Beispielnetz erzielt wurden, zeigten sich auch bei der Untersuchung anderer Netze. Daraus kann geschlossen werden, daß die Näherung, die nichtlinearen Netzgleichungen durch das linearisierte Lastflußmodell zu ersetzen, in einem weiten Bereich gültig und für die durchgeführten Untersuchungen ausreichend genau ist.

3.7.2 Wirkleistungsoptimierung

Der Wirkleistungsoptimierung kommt innerhalb der Betriebsoptimierung elektrischer Energieversorgungsnetze eine zentrale Bedeutung zu. Während im ungestörten Betrieb die Ermittlung kostenminimaler Wirkeinspeisungen unter Einhaltung betrieblicher Restriktionen im Vordergrund steht, ist insbesondere im gestörten Betrieb, wenn z.B. auf Grund von Ausfällen oder fehlerhaften Schalthandlungen vorgegebene Sicherheitsgrenzen verletzt sind, eine Rückkehr in den normalen Betriebszustand von vorrangigem Interesse.

Wie bereits in der Ableitung des mathematischen Optimierungsmodells beschrieben wurde, werden die notwendigen Sicherheitskorrekturen über Sensitivitätskoeffizienten bestimmt, die aus der Jacobi-Matrix ermittelt werden. Für jede unzulässige Knotenspannung bzw. überlastete Leitung oder Transformator ergibt sich eine zusätzliche Randbedingung und ein zusätzlicher Lagrange-Faktor, die in der Lagrange-Funktion (Gl. 3.26) berücksichtigt werden müssen.

Löst man das resultierende lineare Gleichungssystem, so kann anhand des Vorzeichens der Lagrange-Faktoren entschieden werden, welche Restriktionen bindend und welche nicht bindend sind. Durch sukzessive Elimination aller nicht bindender Randbedingungen erhält man schließlich ein Gleichungssystem, dessen Lösung optimale Stellgrößen liefert, wobei sämtliche Randbedingungen erfüllt sind.

In Tabelle I und II sind die Ergebnisse einer Simulation mit dem AEP-14 Knoten-Testnetz, bestehend aus 20 Leitungen und 3 Kraftwerkseinspeisungen, zusammengefaßt.

	P_{G1}	P_{G2}	P_{G3}	Q_{G1}	Q_{G2}	Q_{G3}
Ausgangszustand	155.4	60.0	50.0	-41.3	42.4	23.4
Wirtschaftliche Lastverteilung	63.5	55.1	143.0	40.6	7.7	-30.0
Optimierung mit Sicherheitsrandbedingungen	72.3	27.0	158.0	45.0	0.7	-36.3

Tabelle I : Wirk- und Blindeinspeisungen der Kraftwerke (in MW bzw. MVAr)

	Leistungsflüsse (MVA)		Spannungsbeträge (kV)		
	S_{2-3}	S_{2-5}	U_6	U_7	U_8
Ausgangszustand	49.6	39.3	239.6	237.7	242.1
Wirtschaftliche Lastverteilung	37.9	34.0	233.2	231.4	238.0
Optimierung mit Sicherheitsrand-bedingungen	34.3	30.1	231.0	227.8	234.3

Tabelle II : Verletzte Sicherheitsgrenzen
($S_{2-3\ max}$ = 35 MVA, $S_{2-5\ max}$ = 30 MVA, U_{max} = 236 kV)

Insgesamt fünf Sicherheitsgrenzen sind im Ausgangszustand verletzt. Drei Knotenspannungen liegen oberhalb des aus Isolationsgründen festgelegten maximal zulässigen Spannungswertes von 236 kV, außerdem sind zwei Leitungen stark überlastet. Für diesen Belastungsfall wurde eine Optimierung durchgeführt, und zwar in zwei Schritten.

Im ersten Schritt wurde eine wirtschaftliche Lastverteilung bestimmt, bei der als zusätzliche Nebenbedingung nur berücksichtigt wurde, die Blindleistungseinspeisung so einzustellen, daß die Wirkverluste minimal werden.

Das Ergebnis in Tabelle II zeigt, daß zwar die Leistungsflüsse auf den kritisch belasteten Leitungen reduziert wurden, aber immer noch außerhalb des zulässigen Bereichs liegen. Außerdem liegt weiterhin die Spannung im Knoten 8 außerhalb des Toleranzbereichs.

Im zweiten Schritt wurden alle verletzten Sicherheitsgrenzen in Tabelle II über Nebenbedingungen bei der Optimierung berücksichtigt. Als Ergebnis zeigt sich, daß der Leistungsfluß S_{2-5} genau auf dem zulässigen Maximalwert liegt, alle anderen betrachteten Größen liegen innerhalb des vorgeschriebenen Bereichs. Die erforderliche Korrektur der Leistungsflüsse wurde, wie aus Tabelle I ersichtlich ist, durch eine starke Reduzierung der Wirkeinspeisung P_{G2} im Knoten 2 erreicht.

3.7.3 Blindleistungsoptimierung

3.7.3.1 Verlustminimierung

Die aus Gl. 3.14 folgende Bedingung für verlustminimale Blindeinspeisungen lautet:

$$a_{Qi} = - \frac{\partial P_V}{\partial Q_{Gi}} = 0 \qquad (3.30)$$

Zunächst soll anhand eines einfachen Beispiels der über die Sensitivitätskoeffizienten abgeleitete Ansatz veranschaulicht werden. Es handelt sich hierbei um ein unbelastetes Kettennetz, bestehend aus vier gleich langen Leitungsabschnitten (R = 0.01 pu, X = 0.04 pu, wC/2 = 0.2 pu) mit einer Einspeisung im Knoten 1 [7].

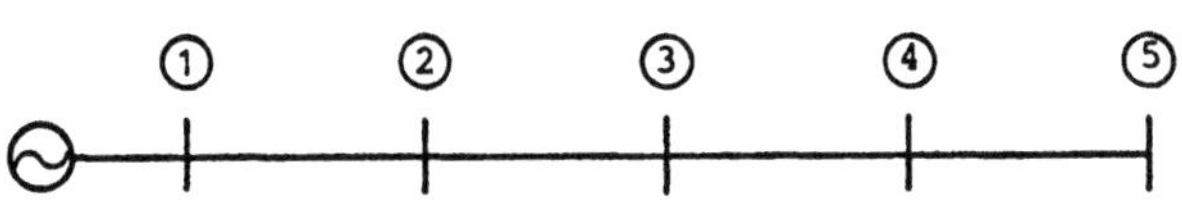

	Spannungsbeträge U_i [pu]					Verluste [pu]	
						P_V	Q_V
a)	1.000	1.062	1.107	1.134	1.143	0.042	-1.75
b)	1.000	1.033	1.049	1.049	1.032	0.010	-1.68
c)	1.000	1.014	1.019	1.017	1.012	0.002	-1.64

Blindleistungseinspeisungen Q_{Gi} [pu]

a) $Q_{G1} = -1.75$ b) $Q_{G1} = -1.02$ $Q_{G5} = -0.70$

c) $Q_{G1} = -0.56$ $Q_{G2} = -0.16$ $Q_{G3} = -0.26$ $Q_{G4} = -0.31$ $Q_{G5} = -0.33$

Bild 3.4 : Verlustminimale Einstellung der Blindleistungseinspeisungen
a) Ausgangszustand b) Zusätzliche Blindeinspeisung in Knoten 5
c) Blindeinspeisungen in allen Knoten

Im Knoten 5 soll eine Blindleistungseinspeisung so dimensioniert werden, daß die Leitungsverluste minimal werden. Als Zielfunktion wurde für das Beispiel Gl. 3.10 verwendet, die jedoch, da nur ein Kraftwerk vorgesehen ist, lediglich als "Dummy"-Funktion dient. Die Lösung ist in Zeile b) eingetragen. Sieht man auch in den verbleibenden Knoten 2, 3 und 4 zusätzliche Blindeinspeisungen vor, so ergibt sich die in Bild 3.4 in Zeile c) dargestellte Lösung. Die Ergebnisse zeigen, daß durch die Optimierung eine beträchtliche Reduzierung der durch die Blindleistungsflüsse hervorgerufenen Leitungsverluste P_V erzielt werden könnte, wobei hier gleichzeitig auch die maximalen Spannungsabweichungen von der Nennspannung (= 1.0 pu) reduziert wurden.

In Bild 3.5 ist der Verlauf der a_{Qi} - Koeffizienten für den Ausgangszustand und die beiden optimierten Fälle über der Leitung dargestellt.

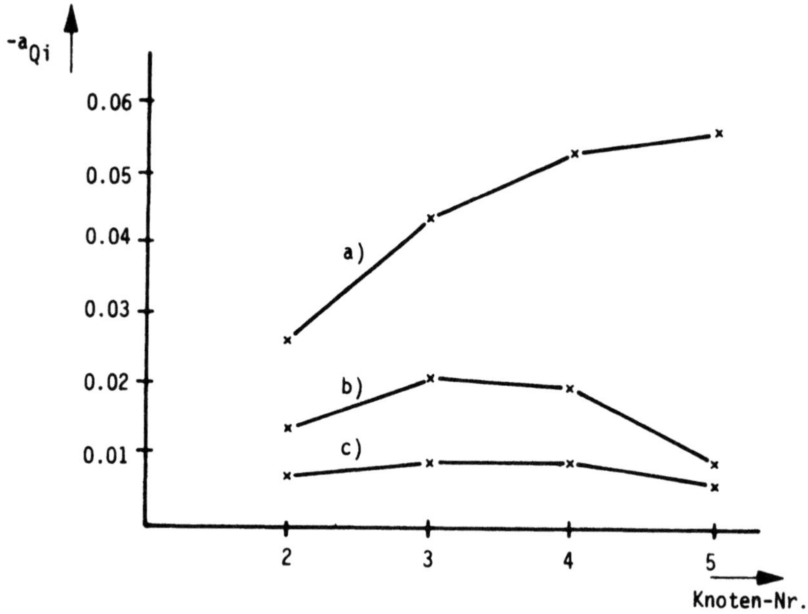

Bild 3.5: a_{Qi}-Verlustkoeffizienten des Beispielnetzes für die Fälle a), b) und c)

Während für den Ausgangszustand die Sensitivität der Verluste bezüglich der Blindleistungen zum Leitungsende hier stetig zunimmt, weisen die Kurven b) und c) einen schon vergleichsweise glatten Verlauf auf, an dem sich die auch aus der Verlustbetrachtung festgestellte Verbesserung im optimierten Zustand ablesen läßt.

Analoge Ergebnisse lassen sich auch für größere Netze angeben. Als Beispiel sind hier die Leitungsverluste für ein 25-Knoten-Netz angegeben, die sich nach einer Wirkleistungsoptimierung entsprechend Gl. 3.10 ergeben.

Dabei ergeben sich ohne optimale Einstellung der Blindleistungseinspeisungen die Wirkverluste zu

$$P_V = 0.1538 \text{ pu}$$

mit optimaler Einstellung der Blindleistungseinspeisungen zu

$$P_V = 0.1345 \text{ pu}$$

Abhängig von der Lastverteilung im Ausgangszustand kann somit über eine optimale Blindleistungsverteilung eine zusätzliche Reduzierung der Netzwirkeinspeisung und damit eine weitere Kostenreduzierung erzielt werden.

Wie bereits oben erwähnt, läßt sich aus den Optimalitätsbedingungen und dem inkrementalen Lastfluß ein lineares Gleichungssystem aufbauen, das direkt gelöst werden kann. Wegen der nichtlinearen Netzgleichungen und damit dem stark nichtlinearen Verlauf der Netzverluste als Funktion der Blindleistung, ergibt sich mit dem linearisierten Lastflußmodell (Gl. 3.6) eine Lösung, die, wie die Ergebnisse zeigen, bereits eine deutliche Verbesserung bewirken. Ist diese Lösung ausreichend, kann bereits nach dem ersten Schritt abgebrochen werden, ist dies nicht der Fall, so können über ein schnelles Lastflußprogramm neue Sensitivitätskoeffizienten berechnet werden, um damit eine verbesserte Lösung des Optimierungsproblems zu erzielen.

3.7.3.2 Minimierung des Spannungsbandes

Während im Abschnitt 3.7.2 verletzte Spannungsgrenzen über Nebenbedingungen gezielt berücksichtigt werden, besteht die Zielsetzung der Spannungsbandoptimierung darin, eine Verbesserung des Spannungsprofils im gesamten überwachten Netz zu erreichen.

Mit Gl. 3.17 ergibt sich entsprechend Gl. 3.26 folgende Lagrange-Funktion:

$$L = \sum_{i=1}^{n} c_i \, (U_i - U_{iN})^2 - \sum_{i=1}^{m} \lambda_i G_i(\underline{x}) - \nu H(\underline{x}) \qquad (3.31)$$

aus der mit Gl. 3.18 analog zu Gl. 3.27 über die Optimalitätsbedingungen ein lineares Gleichungssystem abgeleitet werden kann.

Bild 3.6 zeigt die Ergebnisse einer Spannungsbandoptimierung. Es sind dort die Knotenspannungen des 25-Knoten-Netzes vor bzw. nach der Optimierung gegenübergestellt.

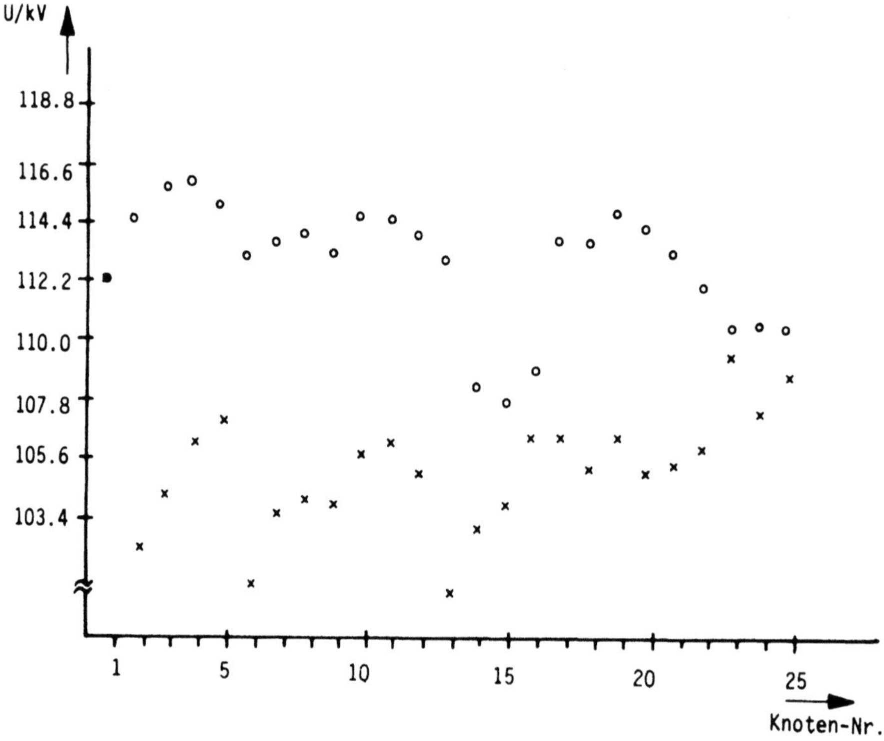

Bild 3.6: Spannungsoptimierung des 25-Knoten Netzes
(x Ausgangszustand o optimierter Zustand)

Die Wichtungsfaktoren c_i in Gl. 3.31 wurden für alle Knoten zu 1 angenommen. Die Nennspannung war in allen Knoten gleich und betrug U_N = 112.2 kV.

Deutlich ist im optimierten Zustand die Verbesserung des Spannungsprofils zu erkennen. Während im Ausgangszustand die maximale Abweichung von der Nennspannung ca 10.5% beträgt (Knoten 13), konnte im optimierten Fall die Maximalabweichung auf knapp 3% (Knoten 15) verringert werden. Noch deutlicher wird der Unterschied, wenn man die beiden normierten Werte der Zielfunktionen (Gl. 3.17) vergleicht.

Man erhält

$$\sum_{i=1}^{n} (U_i - U_{iN})^2 = \begin{cases} 0.1090 & \text{Ausgangszustand} \\ 0.0102 & \text{optimiertes Spannungsprofil} \end{cases}$$

womit die Zielfunktion im optimierten Zustand einen mehr als 10mal kleineren Wert aufweist als im Ausgangszustand.

Bereits in einem Schritt kann somit eine wesentliche Verbesserung des Spannungsprofils erzielt werden. Es ist auch hier möglich, mit den optimierten Werten durch eine nachgeschaltete nichtlineare Lastflußberechnung neue Sensitivitätskoeffizienten zu bestimmen und damit eine erneute Optimierung durchzuführen. Verschiedene Untersuchungen haben jedoch gezeigt, daß zwar weitere geringfügige Verbesserungen erzielt werden können, der damit verbundene Rechenaufwand insbesondere für eine on-line Implementierung jedoch nicht gerechtfertigt werden kann.

3.8 Schlußfolgerungen

Die genaue Einhaltung aller im stationären Netzbetrieb von der Netzsicherheit vorgegebenen Randbedingungen macht es erforderlich, zunächst im Rahmen der Netzüberwachung über eine on-line State Estimation den aktuellen Belastungszustand zu ermitteln, um anhand der dadurch vorliegenden zuverlässigen Datenbasis unzulässige Überschreitungen vorgegebener Grenzwerte identifizieren zu können.

Auf dieser Grundlage wurde ein optimales Lastflußverfahren entwickelt, wobei sowohl die Netzgleichungen als auch die übrigen nichtlinearen Nebenbedingungen durch linearisierte Sensitivitätsbeziehungen ausgedrückt werden.

Es konnte gezeigt werden, daß die Linearisierungen für das Optimierungsproblem in einem weiten Bereich eine ausreichend genaue Näherung darstellen. Festgestellte unzulässige Spannungsabweichungen resp. Leitungsüberlastungen konnten durch eine optimale Einstellung der Wirk- und Blindeinspeisungen bzw. Transformatorübersetzungen so korrigiert werden, daß alle vorgegebenen Sicherheitsgrenzen eingehalten wurden.

Sowohl für die Wirk- als auch für die Blindleistungsoptimierung konnten mit den in diesem Abschnitt vorgestellten Verfahren gute Resultate erzielt werden.

Eine flexible Einsatzmöglichkeit des optimalen Lastflusses durch variable Zielfunktionen macht ihn zu einem wichtigen Mittel, innerhalb der ständig komplexer werdenden Aufgaben der zentralen Netzbetriebsführung einen Beitrag zur Verbesserung der Netzbetriebssicherheit im stationären bzw. quasistationären Bereich zu leisten.

Literatur:

[1] A.S. Debs, A.R. Benson: "Security Assessment of Power Systems", ERDA Conference, New Hampshire, 1975, S.144-176

[2] G. Howe, E. Handschin: "On-line Sicherheitsüberwachung als Optimierungsproblem der Netzführung", Interner Forschungsbericht des Lehrstuhls für elektrische Energieversorgung, Universität Dortmund, Juli 1977

[3] H. Glavitsch: "Economic Load Dispatching and Corrective Pescheduling using On-line Information of the System State", Proc. VIII PICA, 1973, S.412-420

[4] Review of Major Power System Interruptions, NERC-Report, Princeton (New Jersey), August 1979

[5] I. Nordanlycke, K. Reichert: "Spannungs-Blindleistungsregelung, eine Estimations- und Optimierungsaufgabe", SEV-Informationstagung über Computereinsatz in der Energiewirtschaft, Dättwil, September 1979, S.133-150

[6] R.B. Gungor, N.F. Tsang, B. Webb: "A Technique for Optimizing Real and Reactive Power", IEEE Transactions PAS-90, 1971, S.1781-1790

[7] E. Handschin, G. Howe: "Blindleistungsoptimierung für eine sichere und wirtschaftliche Netzführung", Third International Conference on Automatic Control and Protection of Electric Power Systems, Gliwice, Polen, Juni 1979, Proceedings Bd. IV, S.212-228

4. Dynamische Sicherheitsberechnungen von elektrischen Energieversorgungssystemen

4.1 Problemstellung

Die Aufgabe der Führung eines elektrischen Energieversorgungssystems besteht darin, daß die erzeugte elektrische Leistung dem Leistungsbedarf der Verbraucher in jedem Augenblick entsprechen muß. Durch das Verbraucherverhalten verursachte Störungen der Leistungsbilanz können aufgrund der rotierenden Reserve des Kraftwerksparks stets ausgeregelt werden. Ein Kraftwerksausfall kann hingegen aufgrund der größer werdenden Blockleistung und der bei thermischen Kraftwerken [1] begrenzten Laständerungsgeschwindigkeit zu einem gefährdeten Betriebszustand führen. Treten bei solchen Störungen keine Folgefehler, wie Leitungsausfälle auf, kann das westeuropäische Verbundnetz in der Regel die vollständige Versorgung mit elektrischer Energie aufrecht erhalten. Jedoch kann nach einer Aufspaltung in mehrere Netzbezirke, die dann als Inselnetz betrieben werden müssen, die störungsfreie Energieversorgung nicht mehr gewährleistet werden.
Das Ziel der Untersuchungen ist daher, die Sicherheit des Verbundbetriebes zu untersuchen sowie Maßnahmen zur Verbesserung der Betriebsführung zu erarbeiten.

Im Gegensatz zu Arbeiten, die sich auf rein statistische Überlegungen unter Berücksichtigung der Wahrscheinlichkeit eines Kraftwerksausfalls stützen [2], wird hier angestrebt, die Sicherheit nach Störungen anhand der auftretenden dynamischen Vorgänge zu beurteilen.
In der schematischen Darstellung der Ausgleichsvorgänge in elektrischen Energieversorgungssystemen nach Bild 4.1 wird die Komplexität des Problems deutlich. Die Skala der Zeitkonstanten der auftretenden dynamischen Vorgänge beginnt im Bereich der transienten Stabilität (Millisekunden) und reicht bis zur Behandlung des Anfahrens stehender Reserve (Stunden). Die transiente Stabilität ist wegen der engen Vermaschung des westeuropäischen Verbundnetzes weitgehend gewährleistet und soll daher hier vorausgesetzt werden. Damit liegt ein synchroner Lauf aller Blöcke

vor und es wird mit einer einheitlichen Systemfrequenz gerechnet. Im Verbundbetrieb ist die Einhaltung von Grenzwerten sowohl für die Frequenz als auch für die Übergabeleistungen zwischen den Verbundpartnern von großer Bedeutung für die Sicherheit. Im Sekundenbereich hängt diese von der primären Reserve bzw. der gespeicherten thermodynamischen Energie ab. Betrachtet man darüber hinaus einen Zeitbereich über einige Minuten, gewinnt die Regelfähigkeit bzw. die Laständerungsgeschwindigkeit der thermischen Kraftwerke an Bedeutung.

Um diese Zeitbereiche nach Störungen zu behandeln, sind geeignete Modelle zur Beschreibung der dynamischen Eigenschaften von Turbine und Kessel einschließlich der Regelung zu verwenden. Die Simulationsergebnisse zeigen, daß die im Minutenbereich ablaufenden Vorgänge im wesentlichen durch die dynamischen Eigenschaften der Kesselregelung thermischer Kraftwerke geprägt sind. Mit dem Ziel, vorgegebene Spezifikationen der dynamischen Eigenschaften einzuhalten, wird daher ein systematischer Entwurf einer digitalen Regelung für ein thermisches Kraftwerk durchgeführt. Dabei ist es zweckmäßig, das Modell einer Kraftwerkseinheit ohne Berücksichtigung der Netzvorgänge zugrunde zu legen.

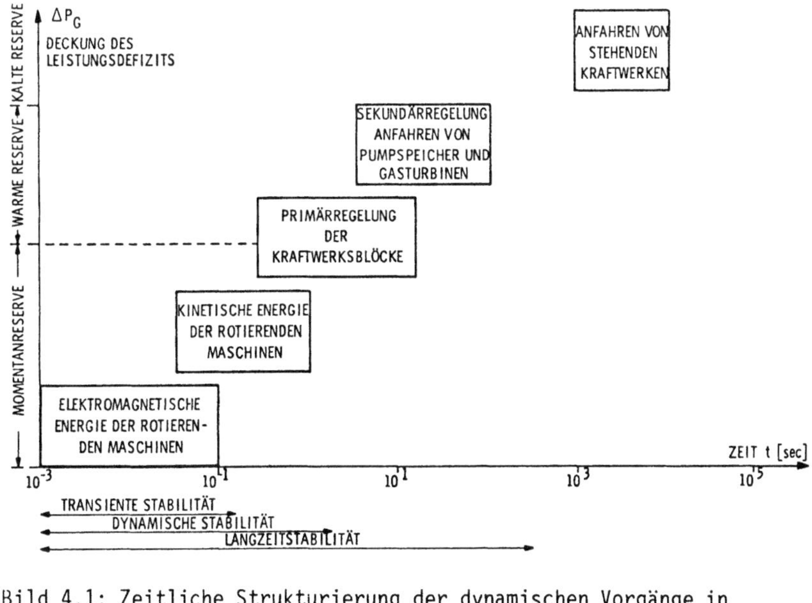

Bild 4.1: Zeitliche Strukturierung der dynamischen Vorgänge in elektrischen Energieversorgungssystemen

4.2 Begriffe und Definitionen

4.2.1. Quasistationäre Betrachtungen

Es existiert eine Reihe von Begriffen und Kennzahlen zur Systembeschreibung, die sich anhand des stationären Betriebspunktes erklären lassen, und somit auch nur für die quasistationäre Betrachtungsweise Gültigkeit haben. Diese Kenngrößen sind im folgenden aufgeführt und definiert.
In einem elektrischen Energieversorgungssystem ist in jedem Augenblick - unter Vernachlässigung elektromagnetischer Ausgleichsvorgänge - die erzeugte elektrische Leistung aller Generatoren P_G gleich der Verbraucherleistung P_V einschließlich der Übertragungsverluste. Im stationären Betrieb ist zusätzlich die Summe der mechanischen Antriebsleistungen der Turbinen durch

$$P_T = P_G = P_V \qquad (4.1)$$

festgelegt. Die Verbraucherleistung hängt in einem gewissen Maß von der Netzfrequenz f ab. Unter der Anname eines linearen Zusammenhang zwischen der Änderung der Verbraucherleistung ΔP_L und der Frequenzabweichung Δf wird in der Nähe eines stationären Betriebspunktes bei der Nennfrequenz f_{50} und der Netzlast P_{50} die Statik der Verbraucher als

$$s_V = \frac{\Delta f / f_{50}}{\Delta P_L / P_{50}} \qquad (4.2)$$

definiert. Damit kann die statische Verbraucherkennlinie

$$\frac{\Delta P_V}{P_{50}} = 1 + \frac{1}{s_V} \frac{\Delta f}{f_{50}} \qquad (4.3)$$

angegeben werden. An Stelle der Beziehung (4.2) wird häufig der sog. Selbstregeleffekt der Lasten

$$\alpha = \frac{\Delta P_V}{\Delta f} = \frac{1}{s_V} \frac{P_{50}}{f_{50}} \qquad (4.4)$$

genannt.

Nach Ausfall einer Turbinenleistung ΔP_T sinkt die Netzfrequenz, bis durch Abnahme der Verbraucherleistung gemäß Gl. (4.3) wieder ein Gleichgewicht zwischen Erzeugung und Verbrauch besteht und sich die Frequenzabweichung

$$\frac{\Delta f_0}{f_{50}} = s_V \frac{\Delta P_T}{P_{50}} \qquad (4.5)$$

einstellt. In einem hinreichend großen Verbundnetz liefert diese Lastcharakteristik einen wirkungsvollen Beitrag zur Frequenzstützung bei einem Kraftwerksausfall. In einem größeren Umfang beteiligt sich an der Frequenzstützung eine zur Frequenzabweichung proportionale Erhöhung der mechanischen Antriebsleistung der Turbine um

$$\frac{\Delta P_T}{P_{50}} = \frac{1}{s_T} \frac{\Delta f}{f_{50}} \qquad (4.6)$$

wobei der Koeffizient s_T mit Statik der Erzeugung bezeichnet wird. Dieser Wert berechnet sich aus der Statiken s_i der Primärregelungen von n Kraftwerksblöcke nach

$$s_T = \frac{\sum_{i=1}^{n} P_{Ni}}{\sum_{i=1}^{n} \frac{P_{Ni}}{s_i}} \qquad (4.7)$$

Die nach einem Leistungsdefizit ΔP_T resultierende Frequenzabweichung verringert sich auf den Wert

$$\frac{\Delta f_1}{f_{50}} = \left(\frac{1}{s_T} + \frac{1}{s_V} \right)^{-1} \frac{\Delta P_T}{P_{50}} \qquad (4.8)$$

Daraus kann die Statik des Netzes

$$s_N = \frac{s_V \, s_T}{s_V + s_T} \qquad (4.9)$$

sowie die Leistungszahl des Netzes

$$K_N = \frac{1}{s_N} \frac{P_{50}}{f_{50}} \qquad (4.10)$$

abgeleitet werden.

Bild 4.2 macht noch einmal die Zusammenhänge deutlich. Nach Ausfall der Turbinenleistung ΔP_T stellt sich durch Abnahme der Verbraucherleistung gemäß Gl. (4.3) ein neues Leistungsgleichgewicht bei der Frequenzabweichung Δf_0 ein. Bei gleichzeitiger Erhöhung der mechanischen Antriebsleistung der am Netz verbleibenden Turbinen, Gl. (4.6), ergibt sich der entsprechend kleinere Wert Δf_1. Mit den behandelten Kenngrößen ist es möglich, einen wesentlichen Teil des Systemverhaltens im quasistationären Betrieb zu beschreiben.

Bei größeren Störungen ist jedoch das Übergangsverhalten verschiedener Systemgrößen zwischen zwei Betriebspunkten von Interesse, das so in keiner Weise erfaßt wird. So wurde zum Beispiel der Zusammenhang der Statik s_T mit dem stationären Wert angegeben, nicht jedoch der Einfluß von s_T auf das zeitliche Übergangsverhalten verschiedener Prozeßgrößen. Daher muß die Untersuchung auf das dynamische Verhalten mit Hilfe geeigneter Modelle erweitert werden.

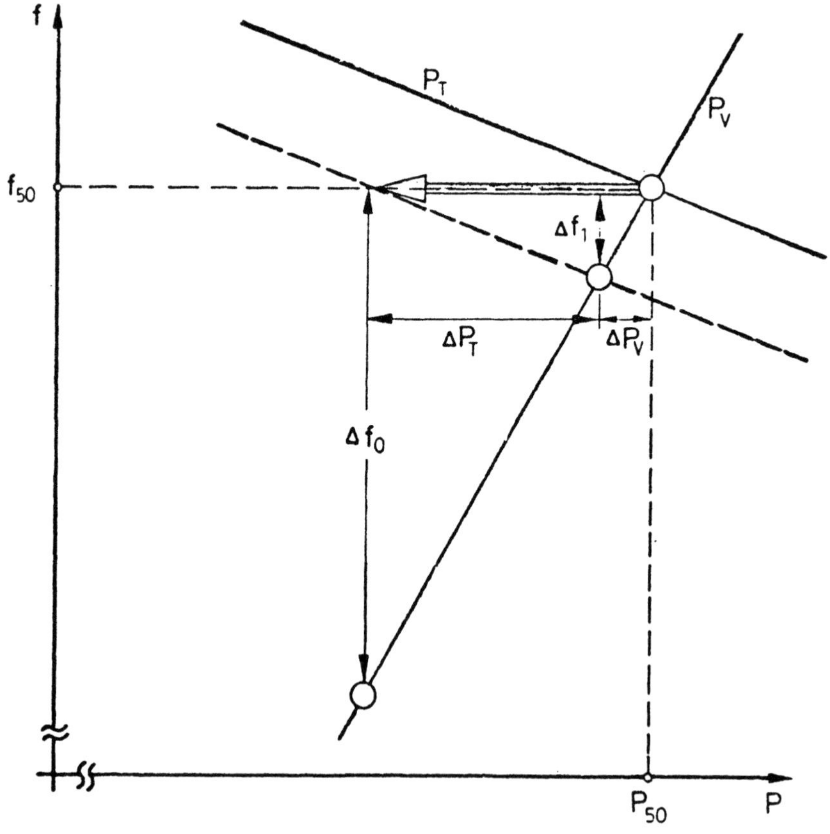

Bild 4.2: Frequenz - Leistungsdiagramm

4.2.2 Dynamische Betrachtungen

Bei dynamischen Betrachtungen reduziert sich Gl. (4.1) auf die Beziehung

$$P_G(t) = P_V(t) \tag{4.11}$$

Ein Ausfall von mechanischer Antriebsleistung einer Turbine hat Frequenzänderungen zur Folge. Um die an den rotierenden Massen angreifende Beschleunigungsleistung zu bestimmen, werden die normierten Anlaufzeitkonstanten T_G und T_V für die Erzeuger bzw. die Verbraucher eingeführt. Diese sind durch Normierung der Schwungmomente aller vorhandenen n Turbinen und Generatoren Θ_{Gi} und der m rotierenden motorischen Verbraucher Θ_{Vi} auf f_{50} und P_{50} definiert:

$$T_{G(V)} = \frac{(2\pi f_{50})^2}{P_{50}} \sum_{i=1}^{n(m)} \Theta_{G(V)i} \tag{4.12}$$

Die dynamischen Ausgleichsvorgänge laufen mit den Zeitkonstanten T_G resp. T_V ab. Deshalb kann zunächst die erzeugte Leistung P_o in Gl. (4.11) als

$$\frac{P_G(t)}{P_{50}} = \frac{P_T(t)}{P_{50}} - T_G \frac{df(t)/_{dt}}{f_{50}} \tag{4.13 a}$$

geschrieben werden. Betrachtet man ferner die Gl. (4.3), so gilt für die Verbraucherleistung in Gl. (4.11)

$$\frac{P_V(t)}{P_{50}} = \frac{P_V}{P_{50}} \left(1 + \frac{1}{s_V} \frac{\Delta f(t)}{f_{50}} \right) + T_V \frac{df(t)/_{dt}}{f_{50}} \tag{4.13 b}$$

Durch Gl. (4.13 b) wird ein dynamisches Verbrauchermodell beschrieben.

Es sei die Störung angenommen, daß während des stationären Betriebs mit $P_T = P_V$ die Turbinenleistung ΔP_T ausfalle. Zum Zeitpunkt der Störung und unmittelbar danach kann für die Frequenzabweichung $\Delta f(t) \approx 0$ angenommen werden. Die mechanische Leistung der am Netz verbleibenden Turbinen ändert sich zunächst ebenfalls nicht. Dann folgt aus Gl. (4.11) und (4.13)

$$\frac{P_T+\Delta P_T}{P_{50}} - T_G \frac{df(t)/_{dt}}{f_{50}} = \frac{P_v}{P_{50}} + T_v \frac{df(t)/_{dt}}{f_{50}}$$

Hieraus läßt sich die normierte Netzanlaufzeitkonstante

$$T_A = T_G + T_v = \frac{\Delta P_T \; f_{50}}{P_{50} \; df(t)/dt} \qquad (4.14)$$

ableiten.

Diese Kenngröße kann also aus dem gemessenen Frequenzverlauf nach einer Störung ermittelt werden, wie es auch in Bild 4.3, das die charakteristischen Zeitverläufe einiger Prozeßgrößen zeigt, möglich ist. Weiterhin erkennt man aus Gl.(4.13), daß sich Generator und Verbraucherleistungen zum Zeitpunkt der Störung proportional zu den Schwungmomenten und dem Wert df(t)/dt sprungförmig ändern, so daß das Leistungsgleichgewicht elektrisch stets ausgeglichen bleibt. Dies ist ebenfalls in Bild 4.3 veranschaulicht. Der Leistungssprung wird als Beschleunigungsleistung bei der Drehzahländerung der rotierenden Massen aufgebracht. Bei diesen Betrachtungen wurden die elektromagnetischen Ausgleichsvorgänge nicht berücksichtigt.

Im weiteren Verlauf strebt die Frequenzabweichung mit der Zeitkonstante $s_v T_A$ dem stationären Wert Δf_0 gemäß Gl.(4.5) zu, sofern die Turbinenleistung der am Netz verbleibenden Maschinen nicht erhöht wird.

Bei Einsatz der Drehzahlregelung nach Gl.(4.7) der verbleibenden Turbinen und nach Erhöhen der Antriebsleistung P_T stellt sich gemäß Gl.(4.8) nach ca. 60sec eine quasistationäre Frequenzabweichung Δf_1 ein. In einem Zeitbereich von mehreren Minuten wird die Frequenz durch die Sekundärregelung auf den Sollwert zurückgeführt.

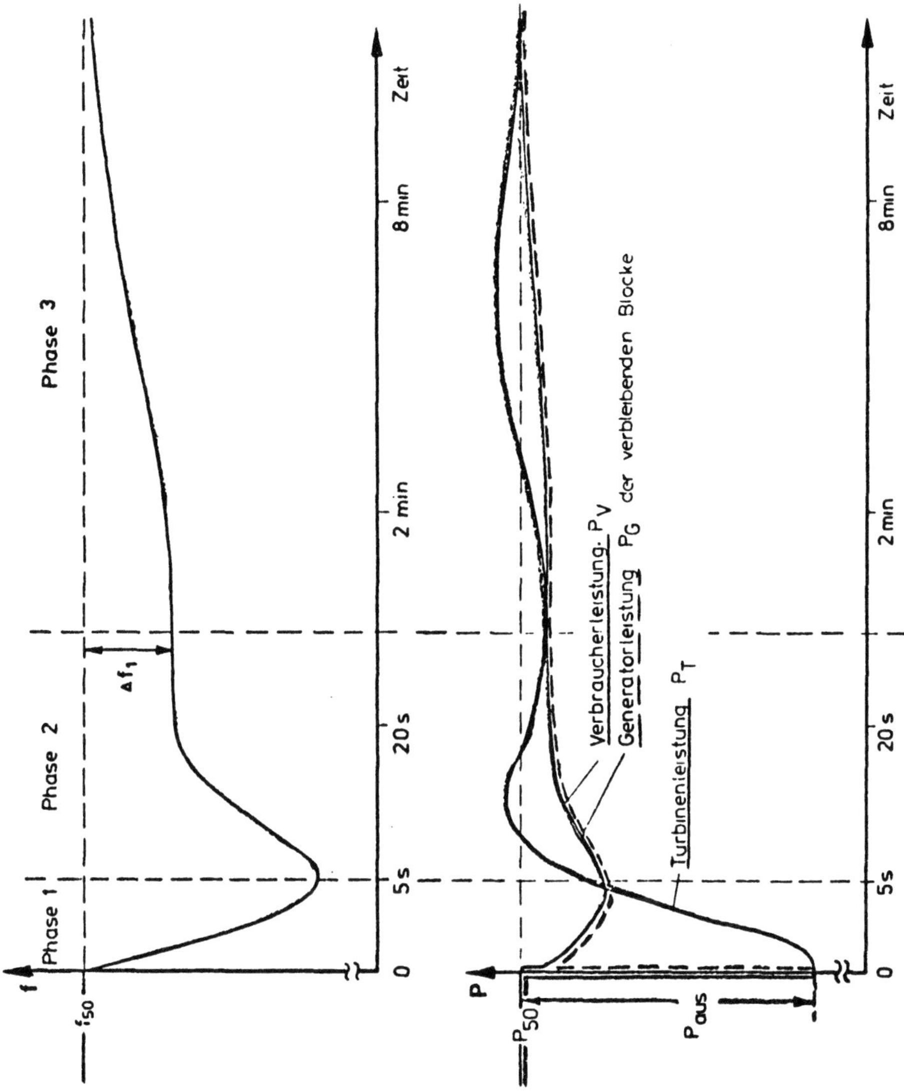

Bild 4.3: Typischer Verlauf von Netzfrequenz und Leistung

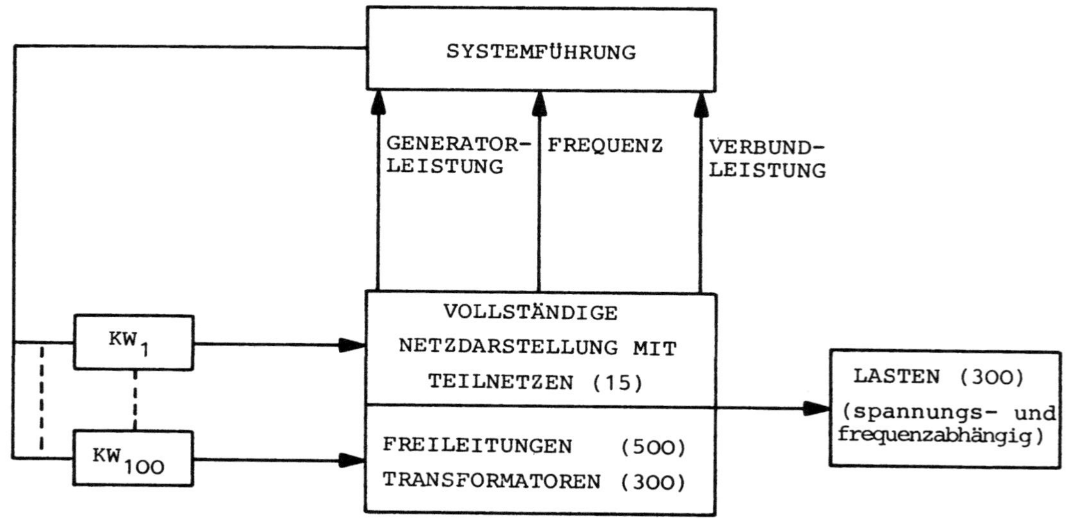

Bild 4.4:SCHEMATISCHE DARSTELLUNG EINES ENERGIEVERSORGUNGS - SYSTEMES

4.3 Modelle zur dynamischen Netz- und Kraftwerkssimulation

4.3.1 Überblick

Die Simulation des Langzeitverhaltens wird unter der Voraussetzung eines stabilen transienten Verhaltens durchgeführt, was aufgrund der engen Vermaschung des westeuropäischen Verbundnetzes angenommen werden kann. Daher wird bei der Langzeitsimulation zugrunde gelegt, daß alle Generatoren mit gleicher Winkelgeschwindigkeit laufen, da Schwingungen der Rotorwinkel untereinander, die zu den Ausgleichsvorgängen der transienten Stabilität zählen, nach kurzer Zeit abgeklungen sind. Dies erfordert eine besondere Modellbeschreibung zur Bestimmung der einheitlichen Systemfrequenz und eine Modifikation der üblichen Lastflußgleichungen für die dynamische Simulation.
Bild 4.4 gibt einen Gesamtüberblick über das Energieversorgungssystem, für dessen dynamische Nachbildung die Teilmodelle der verschiedenen Kraftwerke (Kern-, Kohle-, Öl-, Gas-, Wasserkraft), des Übertragungsnetzes, der Verbraucher sowie der Systemführung vorgesehen sind.

4.3.2 Newton Raphson Iterationsverfahren zur Lastflußberechnung

Für die dynamische Simulation ist es notwendig, die erforderlichen elektrischen Leistungseinspeisungen P_{Ei} der einzelnen Kraftwerke in Abhängigkeit vorgegebener Lasten an bestimmten Netzknoten zu kennen. Außerdem sind die Zustandsgrößen an den Knoten bzw. auf den Leitungen zu überwachen, um Aussagen über die Leitungsbelastungen und die Einhaltung gewisser Toleranzwerte bestimmter Zustandsgrößen machen zu können.

Die Lösung der entsprechenden Lastflußgleichungen wird mittels eines Newton Raphson Iterationsverfahren durchgeführt. Bei der stationären Lastflußberechnung [4] wird die Leistungseinspeisung P_r eines Kraftwerkes im Referenzknoten r nach Beendigung der Iteration bestimmt, um zu gewährleisten, daß die Summe der Einspeisungen P_{Ei} gleich der Summe der Verbraucher P_{vi} einschließlich der Verluste ist.

$$- P_r = \sum_{i=1}^{n_G} P_{Ei} + \sum_{i=1}^{n_L} P_{vi}$$

n_G = Anzahl der Einspeisungen
n_L = Anzahl der Lasten

(4.15)

Demgegenüber wird im dynamischen Fall die Summe der Beschleunigungsleistungen P_B aller Generatoren, welche entweder eine Zu- oder Abnahme der Winkelgeschwindigkeit bewirkt, als frei wählbar betrachtet und somit die Beziehung

$$P_B = \sum_{i=1}^{n_G} P_{Ei} + \sum_{i=1}^{n_L} P_{vi} \tag{4.16}$$

erfüllt.

Bei der Simulation des Langzeitverhaltens eines Energieversorgungsnetzes ist die Annahme sinnvoll, daß alle Generatoren mit elektrisch gleicher Frequenz laufen. Daher ist eine Aufteilung der Beschleunigungsleistung P_B auf die einzelnen Generatoren im Verhältnis ihrer Trägheitsmomente H_i vorzunehmen. Das entsprechend modifizierte Verfahren zur Lastflußberechnung soll anhand folgender Gleichungen erläutert werden.

Mit der mechanischen Leistung der i-ten Turbine P_{Ti} erhält man die Beschleunigungsleistung

$$P_{Bi} = P_{Ti} - P_{Ei} \tag{4.17}$$

des i-ten Generators. Wegen der einheitlichen Winkelgeschwindigkeit f_{sys} der Generatoren gilt die Beziehung

$$\frac{P_{Br}}{P_{bi}} = \frac{H_r}{H_i} \tag{4.18}$$

und man erhält mit Gl.(4.17)

$$H_i\, P_{Tr} - H_i P_{Er} = H_r\, P_{Ti} - H_r\, P_{Ei} \tag{4.19}$$

oder nach den Größen aufgelöst, welche bei der Lastflußberechnung vorgegeben werden

$$R_i := H_r\, P_{Ti} - H_i P_{Ti} = H_r P_{Ei} - H_i P_{Ei} \tag{4.20}$$

Bei der üblichen Lastflußberechnung werden die komplexen Leistungseinspeisungen bzw. Lasten an den einzelnen Knoten des Netzes

$$\bar{S}_i = P_{vi} + j\,Q_{vi} \tag{4.21}$$

vorgegeben, woraus über die Netzgleichungen die komplexen Spannungen

$$\bar{E}_i = e_i + j\,f_i = E_i\,e^{j\delta_i} \tag{4.22}$$

zu bestimmen sind. In ausführlicher Weise wird die Lösung der modifizierten Lastflußgleichungen in [5] beschrieben.

4.3.3 Kraftwerksmodell

Das Langzeitverhalten von Energieversorgunssystemen wird im wesentlichen durch das träge dynamische Verhalten der thermischen Kraftwerke geprägt. Daher sind diese unter Berücksichtigung der Dampferzeugung und der damit verbundenen begrenzten Laständerungsgeschwindigkeit zu modellieren.

Bild 4.5 gibt einen schematischen Überblick einer Kraftwerkseinheit. Neben der Darstellung der Turbine sowie der Dampferzeugung können verschiedenartige Regelungen berücksichtigt werden. Die Drehzahl- und Kesselregelung werden zusätzlich über die Koordinierung beeinflußt. Diese erfaßt Größen wie die Frequenzabweichung Δf, die elektrische Generatorleistung P_E und das Siganl eine übergeordneten Überwachungssystems, das mit LFC (= Load Frequency Control) bezeichnet ist. So ist es möglich, die übliche Aufteilung der Regelaufgaben nach Primär- und Sekundärregelung vorzunehmen. Während die Statik s_T des Kraftwerkblockes ein Parameter der Turbinenregelung (Primärregelung) ist, kann die Frequenz-Übergabeleistungsregelung entweder mit der Systemführung oder durch die Koordinierung (Sekundärregelung) dynamisch nachgebildet werden. Da hier der Ablauf der langsamen Vorgänge von Interesse ist, werden Zeitkonstanten unter 1 sec vernachlässigt. In den betrachteten Zeitintervallen von 1...20 Minuten wird so eine gute Übereinstimmung mit dem tatsächlichen Verhalten erreicht.

Jedes dynamisch nachzubildende Kraftwerk des untersuchten Netzbereiches wird unter Berücksichtigung der individuellen Eigenschaften der Turbinde, der thermodynamischen Vorgänge und der Regelung einzeln in die Simulation aufgenommen. Bild 4.6 zeigt das Modell einer i-ten Kraftwerkseinheit in Blockstruktur. Im oberen Bildteil ist die Nachbildung der Dampferzeugung und des Kessels wiedergegeben, während im unteren

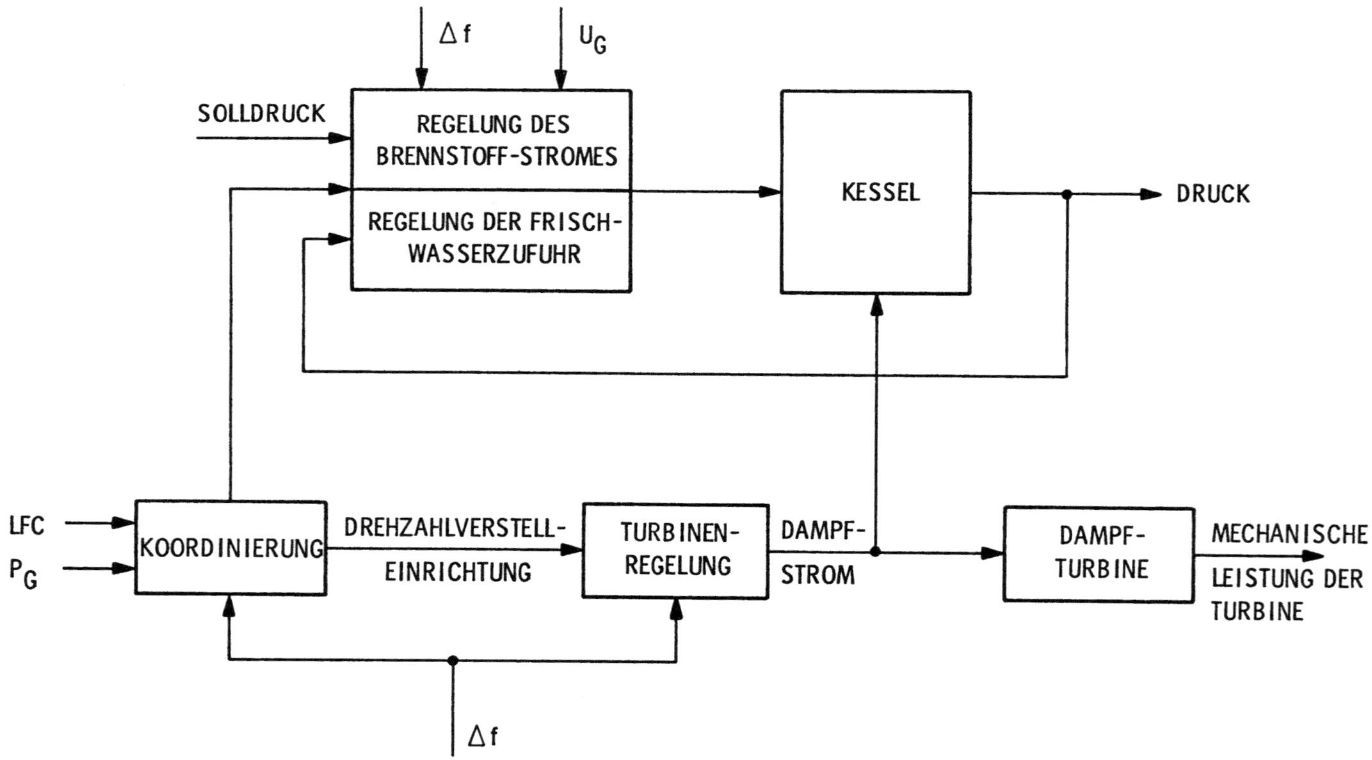

Bild 4.5: Schematische Darstellung des Dampfkraftwerkes ohne Generator

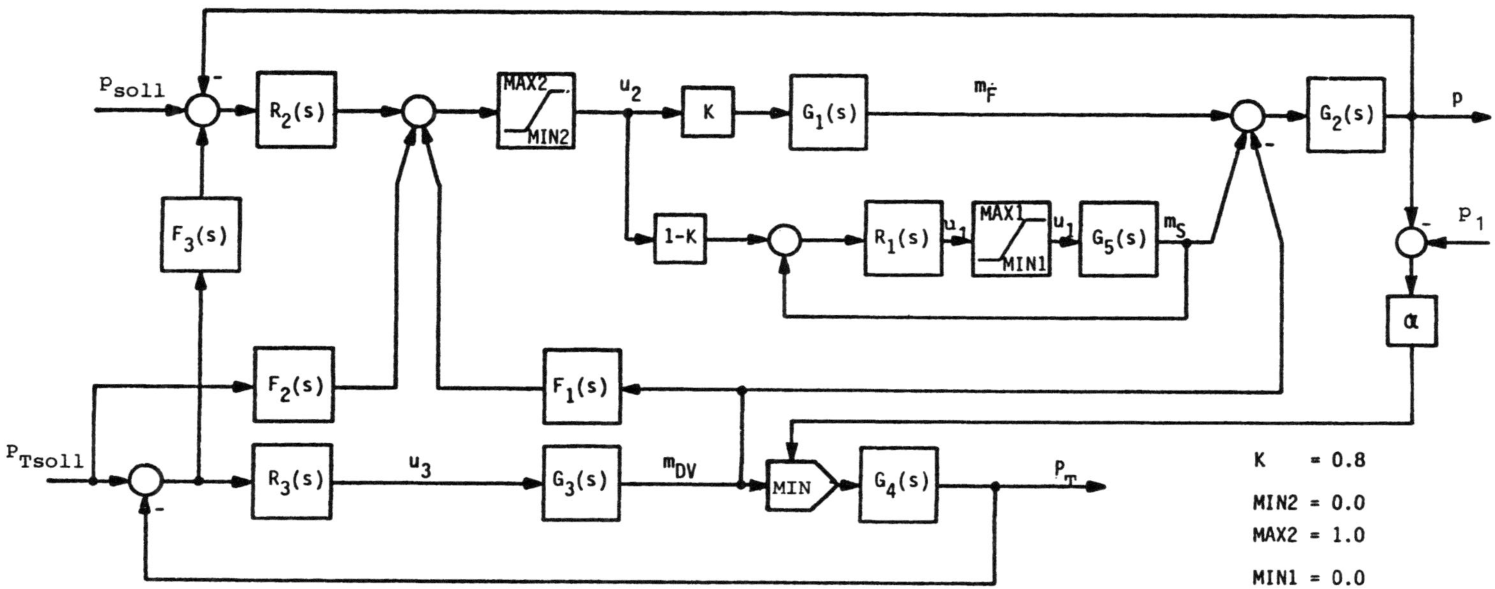

K = 0.8

MIN2 = 0.0
MAX2 = 1.0

MIN1 = 0.0
MAX1 = 0.2

Kohlemühle und Feuerung	$G_1(s) = \frac{e^{-30s}}{1+30s}$	Lastverstellung	$G_3(s) = \frac{1}{1+s}$
Speisewasserzufuhr	$G_5(s) = \frac{1}{1+25s}$	Turbine	$G_4(s) = 0.28 + \frac{0.72}{1+8s}$
Kessel	$G_2(s) = \frac{1}{200s}$		

Bild 4.6: Modell einer Kraftwerkseinheit

Teil die Turbine mit der Ventilverstelleinrichtung und der Leistungsregelung zu sehen ist.

Die Erzeugung der Frischdampfmenge m_D wird aus der Wärmemenge der Feuerung m_E und der Speisewasserzufuhr m_S berechnet. Bei Betrachtung größerer Zeitintervalle wurde nach Aussage von [3] eine gute Übereinstimmung mit exakteren Modellen erreicht. Je nach Wahl für die Übertragungsfunktion $G_1(s)$ können verschiedene Arten der Feuerung nachgebildet werden. Bei einer Kohlefeuerung wird als typische Form

$$G_1(s) = \frac{e^{-T_M s}}{1+T_F s} \qquad \text{mit } T_M = 30s,\ T_F = 30s$$

angenommen, die den Zeitverzug von Kohlemühlen und des anschließenden Verbrennungsvorganges berücksichtigt. Die Speisewasserzufuhr wird durch ein Verzögerungsglied 1-ter Ordnung

$$G_5(s) = \frac{1}{1+T_W s} \qquad \text{mit } T_W = 25s$$

wiedergegeben.

Aus der Bilanz von Frischdampfmenge $\dot{m}_D$ und verbrauchter Dampfmenge m_{DV} wird über das Kesselmodell, das in normierter Darstellung

$$G_2(s) = \frac{1}{T_K s} \qquad \text{mit } T_K = 200s$$

lautet, der Druck p gebildet. Dabei ist die Zeitkonstante T_K ein Maß für die Speicherkapazität des Kessels. Für den Speisewasserregler ist ein proportional-integral wirkender Regler mit

$$R_1(s) = K_{Wp} + \frac{K_{WI}}{s} \quad \text{mit } K_{Wp} = 1.5,\ K_{WI} = 0.5\ s^{-1}$$

vorgesehen. Der Kesseldruckregler

$$R_2(s) = (K_{DP} + \frac{K_{DI}}{s})\ (\frac{1+T_{RS}}{1+T_{RS/\alpha}})$$

$$K_{DP} = 1.1,\ K_{DI} = 0.011s^{-1},\ T_R = 36s,\ \alpha = 10$$

besteht neben dem proportional-integral wirkenden Teil noch aus einem Lead-Glied mit differenzierendem Charakter. Die Eingangsgröße des Reglers wird aus der Differenz des aktuellen Kesseldrucks p und dem fest vorgegebenen Sollwert von 1 pu gebildet. Die Größe des Faktors K hängt vom Einfluß des trägen Teils der Feuerung bzw. der schneller reagierenden Speisewasserzufuhr auf das Zeitverhalten der Frischdampfmenge ab. Zusätzlich sind nichtlineare Elemente vorgesehen, um Stellsignalbegrenzungen zu berücksichtigen.

Zur Nachbildung der mechanischen Antriebsleistung P_T wird ein Turbinenmodell zugrunde gelegt, das wahlweise aus mehreren Zwischenüberhitzerstufen mit unterschiedlichen Zeitkonstanten besteht:

$$G_4(s) = K_H + \frac{K_M}{1+T_M s} + \frac{K_N}{1+T_N s}$$

Typische Werte für eine Turbine mit Hoch- und Niederdruckteil sind $K_H = 0.28$, $K_M = 0$, $K_N = 0.72$ und $T_N = 8s$.

Das Stellglied der Ventile wird durch ein Verzögerungsglied 1-ter Ordnung mit

$$G_3(s) = \frac{1}{1+T_s s} \qquad T_s = 1s$$

beschrieben. Der Leistungsregler hat die übliche Form

$$R_3(s) = K_{Lp} + \frac{K_{LI}}{s}, \quad K_{Lp} = 1; \; K_{LI} = 0.05s^{-1}$$

mit proportional-integraler Wirkung. Die Führungsgröße P_{soll} für die Leistungsregelung wird über die Statik des Kraftwerkblocks gemäß

$$P_{soll} = P_{50} + \frac{\Delta f}{s_T} \frac{P_{50}}{f_{50}} \qquad (4.23)$$

berechnet. Dieser steuert mit dem Stellsignal m_{Dsoll} die verbrauchte

Dampfmenge m_{DV}, solange der Kesseldruck p nicht unter den Wert p_{min} absinkt, und ein einwandfreier Betrieb nicht gefährdet ist. Der tatsächliche Dampfstrom wird daher unter Berücksichtigung dieser betriebstechnischen Grenzen nach

$$m_{DV} = \text{MIN} \{m_{Dmax}, m_{Dsoll}, \alpha(p-p_1)\} \text{ mit } \alpha = 10, \; p_1 = 0.85 \text{ pu} \quad (4.24)$$

bestimmt.

4.3.4 Bestimmung der einheitlichen Systemfrequenz unter Berücksichtigung eines Verbrauchermodells

Die Antriebsleistungen der einzeln nachgebildeten Blöcke werden zur Gesamtleistung P_T zusammengefaßt, um nach Gl. 4.11 und 4.13 den Verlauf der Frequenz berechnen zu können. Man erhält die Beziehung

$$f(t) = f_{50} + \frac{f_{50}}{(T_G+T_V)P_{50}} \int_0^t (P_T(\tau) - P_{50} - \alpha\Delta f(\tau)\, d\tau \qquad (4.25)$$

Bild 4.7 zeigt diesen Zusammenhang im Blockschaltbild unter Verwendung des Laplace-Operators s für die Integration. Dieser Beziehung liegt die Modellvorstellung zugrunde, daß alle auf Erzeuger- und Verbraucherseite befindlichen rotierenden Massen zu einem äquivalenten Schwungmoment zusammengefaßt sind. Auf diese wirkt die resultierende Beschleunigungsleistung

$$P_B = P_T - P_{50}(1 + \alpha\ \Delta f) \qquad (4.26)$$

Diese Gleichungen liegen dem Modell zur Bestimmung der Netzfrequenz nach Bild 4.7 zugrunde. Hierbei wird das dynamische Verbrauchsmodell nach Gl. (4.13b) berücksichtigt.

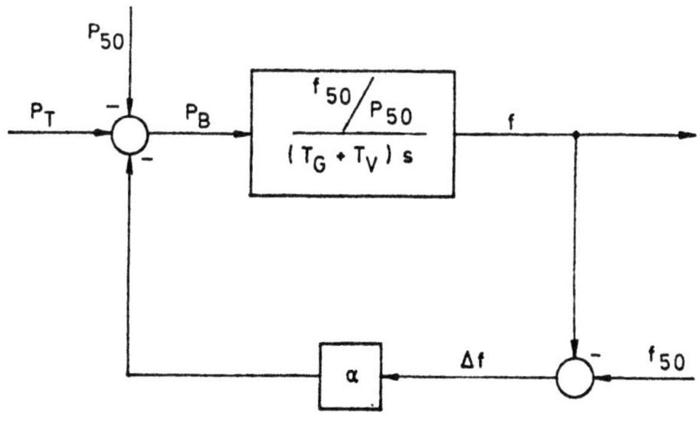

Bild 4.7: Blockschaltbild zur Modellierung einer einheitlichen Systemfrequenz

4.4 Simulationsergebnisse

4.4.1 Berechnung der thermodynamischen Reserve

Für das Systemverhalten nach einer Störung ist besonders die Regelfähigkeit, d.h. die Laständerungsgeschwindigkeit, der einspeisenden Kraftwerke von Bedeutung. Nach kleinen Störungen mit entsprechend geringen Leistungsdefiziten können die unter Primärregelung laufenden Blöcke einen schnellen Leistungsausgleich wieder herbeiführen. Bei einem überwiegenden Anteil thermischer Kraftwerke und Ausfall größerer Einspeisungen hängt die Laständerungsgeschwindigkeit jedoch von der trägen Dampferzeugung ab und wird entsprechend begrenzt. Um die in diesem Zusammenhang auftretenden Kenngrößen auch quantitativ zu erfassen, soll in diesem Abschnitt die Frage behandelt werden, inwieweit die im Kessel gespeicherte Energie zur Deckung eines plötzlich anwachsenden Leistungsbedarfs herangezogen werden kann, welche als thermodynamische Reserve oder primäre Regelreserve bezeichnet wird.

Um diese gespeicherte Energie aktivieren zu können, ist Voraussetzung, daß das Kraftwerk im Festdruck- bzw. modifizierten Gleitdruckbetrieb gefahren wird. Diese hängt im wesentlichen von den folgenden Größen ab:

a) den für einen einwandfreien Betrieb vorgeschriebenen Grenzen des Kesseldrucks

$$p_{min}(m_{DV}) = p_1 + (p_2 - p_1)\, m_{DV} \tag{4.27}$$

b) die Totzeit T_M der Dampferzeugung

c) der Speicherkapazität des Kessels, welche durch die Zeitkonstante T_K beschrieben wird.

Im folgenden wird die Dampferzeugung vereinfacht durch eine Totzeit T beschrieben und somit

$$G_1(s) = e^{-sT_M} \tag{4.28}$$

gesetzt.

Außerdem sei angenommen, daß die Eingangsgröße der Dampferzeugung allein aus der verbrauchten Dampfmenge m_{DV} gebildet wird. Damit erhält man mit $F_1(s) = 1$ und $R_2(s) = F_2(s) = 0$ für die erzeugte Frischdampfmenge

$$m_{DF}(t) = m_{DV}(t - T_M) \tag{4.29}$$

Es ist also gewährleistet, daß nach der Zeit T_M vom Zeitpunkt der Änderung der verbrauchten Dampfmenge gerechnet das Gleichgewicht mit der Frischdampfmenge wiederhergestellt ist, und somit der Kesseldruck sich anschließend nicht weiter ändert.

Nun kann die maximale Änderung des Dampfstroms, und damit die maximale Laststeigerung so bestimmt werden, daß nach Ablauf der Zeit T_M gerade noch der minimale Druck p_{min} eingehalten wird. Der Kesseldruck wird durch den Ausdruck

$$p(t) = \int_{t_0}^{t} \frac{1}{T_K} (m_{DF}(\tau) - m_{DV}(\tau)\, d\tau + p(t_0))\, d\tau \tag{4.30}$$

bestimmt. Die im Kessel gespeicherte Energie

$$E = T_k \cdot p \tag{4.31}$$

kann wegen Gl. (4.27) nur teilweise zur Deckung eines plötzlich anwachsenden Leistungsbedarfs herangezogen werden. Die hierzu verfügbare Energie, die thermodynamische Reserve, ist eine Funktion des Betriebszustandes:

$$E_v = E_v(p, m_{DV}) = T_K \cdot (p - p_{min}(m_{DV})) \quad \text{falls } p > p_{min} \tag{4.32}$$

Damit ergibt sich für den im Zeitintervall T_M maximal möglichen Dampfstrom

$$\begin{aligned} m_{DVmax} &= m_{DV}(t_0) + \Delta m_{DV} \\ &= m_{DV}(t_0) + \frac{E_v(m_{DVmax})}{T_M} \end{aligned} \tag{4.33}$$

Gl. (4.32) und (4.27) in Gl. (4.33) eingesetzt ergibt

$$m_{DVmax} = m_{DV}(t_0) + \frac{T_K}{T_M} (p - p_{min}(m_{DVmax}))$$

$$= m_{DV(t_0)} + \frac{T_K}{T_m} (p - p_1 - (p_2 - p_1) m_{DVmax}) \qquad (4.34)$$

Nach der Umformung

$$T_M\, m_{DVmax} = T_M\, m_{DV}(t_0) + T_K\, (p - p_1 - (p_2 - p_1)\, m_{DVmax}) \qquad (4.35)$$

erhält man schließlich den Ausdruck, der den möglichen Dampfstrom unter Ausnutzung der thermodynamischen Reserve als Funktion des aktuellen Kesseldrucks $p(t_o)$ und der Frischdampferzeugung $m_F(t_o)$ angibt:

$$m_{DVmax} = \frac{m_F(t_0) + \frac{T_K}{T_M} (p - p_1)}{1 + \frac{T_K}{T_M} (p_2 - p_1)} \qquad (4.36)$$

Ein günstigerer Wert für den maximalen Dampfstrom ergibt sich, wenn man nicht von der Totzeit T_M der Dampferzeugung ausgeht, sondern aufgrund des zeitlichen Verlaufs des Stellsignals $u_2(t)$ bereits vor Ablauf des Zeitintervalls T_M eine größere Dampferzeugung zu erwarten ist. Mittels einer Prädiktion für die Dampferzeugung könnte somit eine strengere Abschätzung für den maximal möglichen Dampfstrom durchgeführt werden.

4.4.2 Regelung der Verbundleistung

a) Zwei identische Netzbetriebe

Die Verbundleistungsregelung wird anhand zweier Netzbezirke bestehend aus zwei identischen Kraftwerken mit je einer Last nachgebildet, siehe Bild 4.8. Die Nennleistung der Netzbezirke beträgt $P_{N1} = P_{N2} = 500$ MW und die aktuellen Lasten sind $P_{L1} = 364{,}5$ MW bzw. $P_{L2} = 0$. Die über die Verbundleitung übertragene Leistung P_{21} soll von 182 MW auf 170 MW geregelt werden. Dies wird durch eine entsprechende Änderung der Sollwerte für die Leistung der Kraftwerke erreicht.

	t = 0	t > 0
$P_{Esoll\ 1}$	182,5 MW	194 MW
$P_{Esoll\ 2}$	182,5 MW	170 MW

Nach Gl. (4.36) erhält man mit T_M = 80 s p_1 = 0.85 pu, p_2 = 0.95 pu für die maximale Leistung von Kraftwerk 1,

$$P_{max} = 296 \text{ MW}$$

Die erforderliche Leistung kann also aus der primären Regelreserve bereitgestellt werden und der thermodynamische Kreislauf hat keinen Einfluß auf den Ausregelvorgang, wie es das Simulationsergebnis in Bild 4.9 bestätigt.

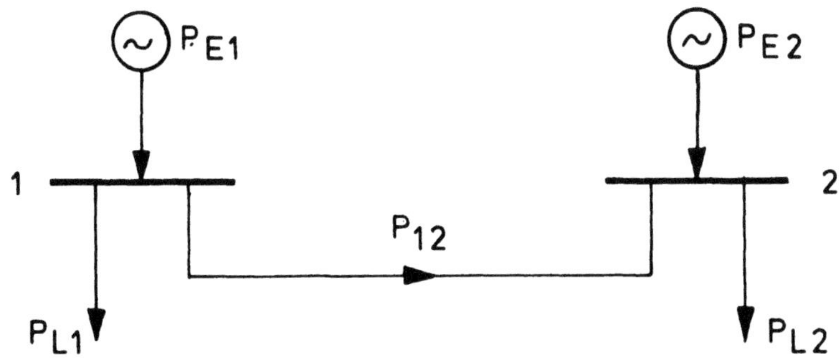

Bild 4.8: Zwei identische Netzbezirke

b) Netzbezirk in einem starken Verbundnetz

Im folgenden wird ein Netzbezirk betrachtet, der über eine Leitung an ein großes Verbundnetz gekoppelt ist. Ausgehend von den in Punkt a betrachteten Netzbezirken wird die Nennleistung des Kraftwerkes 2

auf $P_{N2} = 100\ P_{N1} = 5 \cdot 10^4$ erhöht, um annähernd realistische Verhältnisse zwischen dem Netzbezirk und dem Verbundnetz zu schaffen. Im stationären Betrieb ist die Übergabeleistung auf dem gewünschten Wert von $P_{12} = 0$.
Im betrachteten Netzbezirk 1 wird das Zeitverhalten bei einer Laständerung um 370 MW von 120 auf 490 MW simuliert. Der plötzliche Leistungsbedarf kann aus der kinetischen Energie der rotierenden Massen des Verbundnetzes, die hier in einer Maschine zusammengefaßt wurden, gedeckt werden, ohne die Netzfrequenz wesentlich zu beeinflussen. Daher wird hier wie in Punkt a die Frequenzregelung von den Betrachtungen ausgeschlossen. Nach Gl.(4.36) ergibt sich für das Kraftwerk im Netzbezirk 1 mit der Totzeit $T_M = 80$ s und $p_1 = 0.85$ pu, $p_2 = 0.95$ pu die maximale Leistung

$$P_{max} = 246 \text{ MW}$$

Demnach wird sich das Verhalten des thermodynamischen Kreislaufs nach der Störung auf den Regelvorgang der Verbundleistung auswirken. Bild 4.10 zeigt das Simulationsergebnis mit der betrachteten Störung zur Zeit t = 20 s. Die abgegebene Leistung des Kraftwerkes 1 kann zunächst der Einstellung der Lastverstelleinrichtung folgen und wird aus der gespeicherten thermodynamischen Energie gedeckt. Dadurch nimmt der Kesseldruck p ab. Bei Unterschreiten des Wertes p_{min} nach Gl. (4.27) muß der Dampfstrom m_{DV} und damit die erzeugte Leistung wieder gedrosselt werden. Damit geht der Festdruckbetrieb in einen Gleitdruckbetrieb über, welcher durch eine große Trägheit aufgrund der Totzeit in der Dampferzeugung gekennzeichnet ist.
In Bild 4.11 ist die über die Verbundleitung zugeführte Energie

$$E_{12}(t) = \int_0^t p_{12}(\tau)\ d\tau \tag{4.37}$$

und die aus der thermodynamischen Reserve bereitgestellten Energie

$$E_{th}(t) = T_K(p(t_0) - p(t)) \tag{4.38}$$

wiedergegeben, jeweils Fall 1 ($F_1(s) = 1$, $F_2(s) = F_3(s) = 0$).
Der Vergleich mit Fall 2 ($F_2(s) = F_2(s) = F_3(s) = 1$) zeigt, daß durch eine andere Wahl der Parameter der koordinierten Regelung für den

thermodynamischen Kreislauf ein günstigeres Ergebnis hinsichtlich der erforderlichen Energie E_{12} erreicht werden kann. Das Zeitverhalten von Kesseldruck und der elektrischen Leistungen zeigt Bild 4.12.

Das Dämpfungsverhalten verschiedener Prozeßgrößen ist in beiden Fällen jedoch recht unbefriedigend. Dies zeigten Simulationen über längere Zeitintervalle, wobei die Wärmemenge der Feuerung und der Kesseldruck nach einer Störung starkes Oberschwingen hatten und den neuen stationären Zustand nach 15 min noch nicht erreicht hatten. Hier kann durch einen systematischen Reglerentwurf Abhilfe geschaffen werden. Eine mögliche Vorgehensweise bei der Synthese von Regelkreisen zur Verbesserung des dynamischen Verhalten wird in Abschnitt 4.5 angegeben.

c) Bemerkung zum Gleitdruckbetrieb

Gegenüber dem Festdruckbetrieb ist hier die verbrauchte Dampfmenge m_{DV} stets gleich der erzeugten Frischdampfmenge m_{DF}, die wiederum vom Kesseldruck p abhängt. Daher ist das Zeitverhalten der erzeugten elektrischen Leistung P_{E1} beim Gleitdruckbetrieb durch das träge Verhalten der Dampferzeugung geprägt. Außerdem ist zu bemerken, daß im Gleitdruckbetrieb die thermodynamische Energie nicht ausgenutzt werden kann, sondern während des Vorgangs die im Kessel gespeicherte Energie sogar erhöht werden muß, um den Kesseldruck auf den erforderlichen Wert zu bringen.

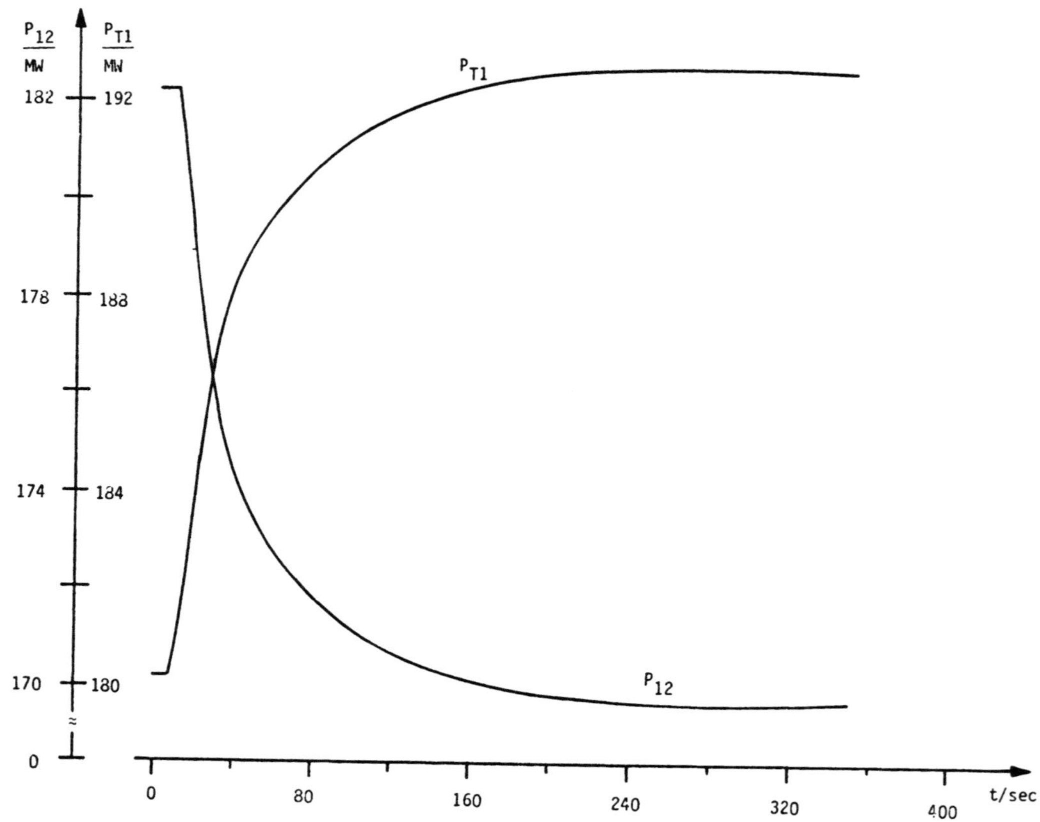

Bild 4.9: Leistungsbereitstellung aus primärer Regelreserve

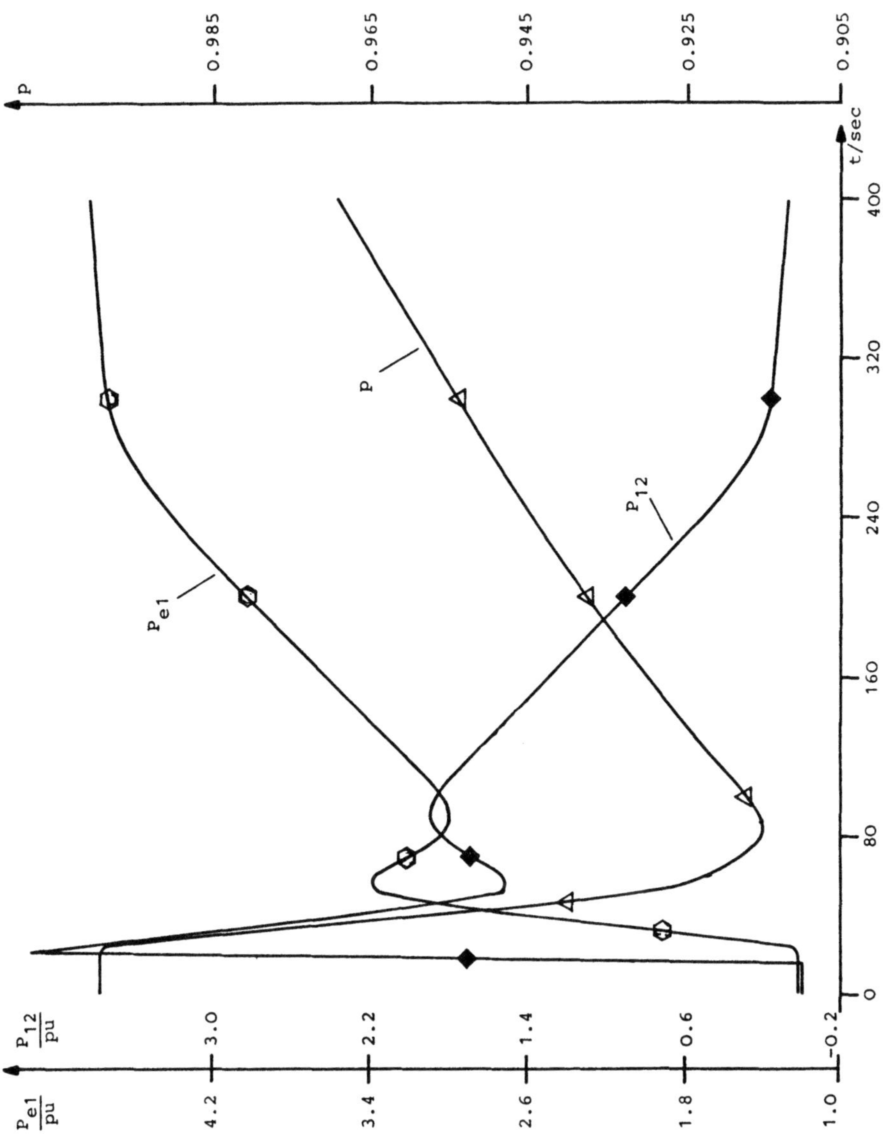

Bild 4.10: Aktivierung der gesamten thermodynamischen Reserve, $F_1 = 1$, $F_2 = F_3 = 0$

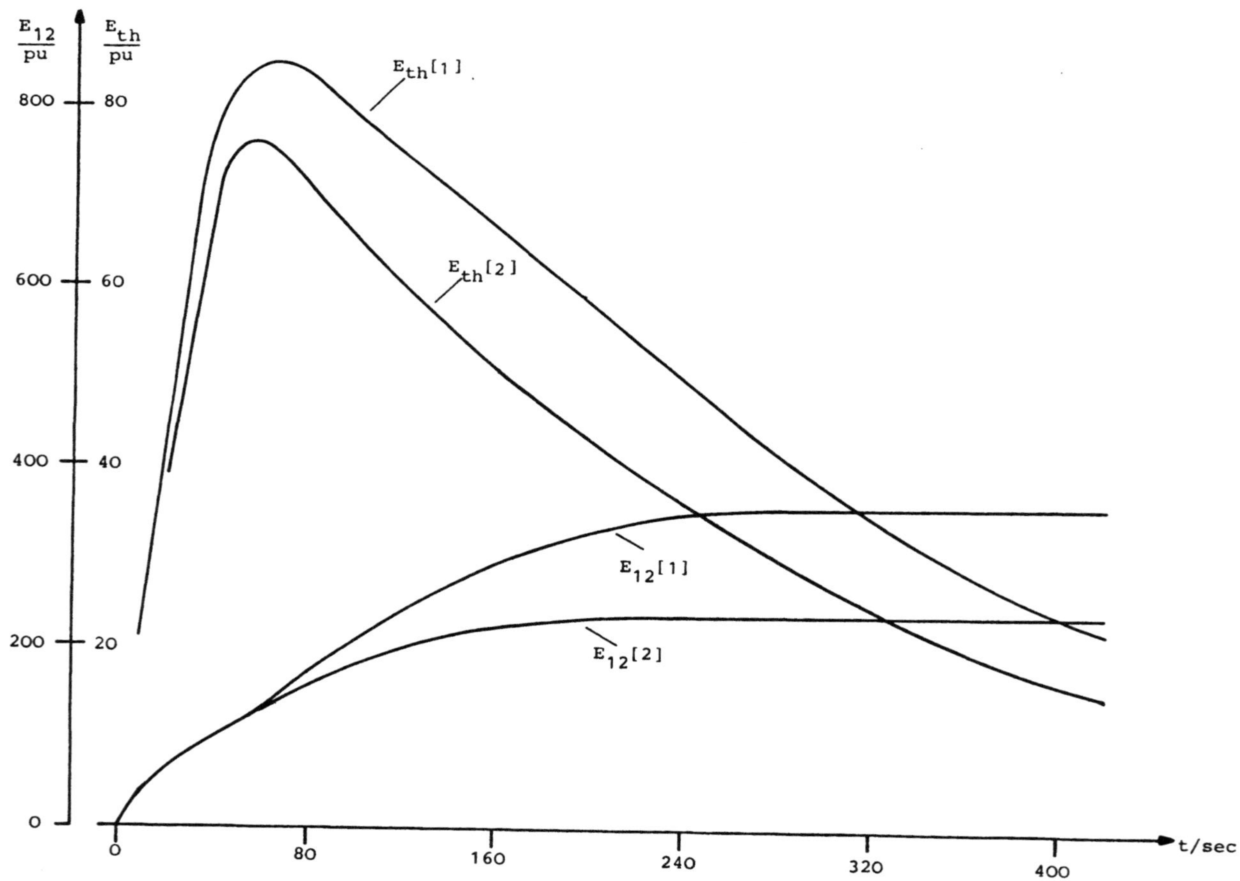

<u>Bild 4.11</u>: Die thermodynamische Reserve und die Verbundenergie, 1) $F_1 = 1$, $F_2 = F_3 = 0$
2) $F_1 = F_2 = F_3 = 1$

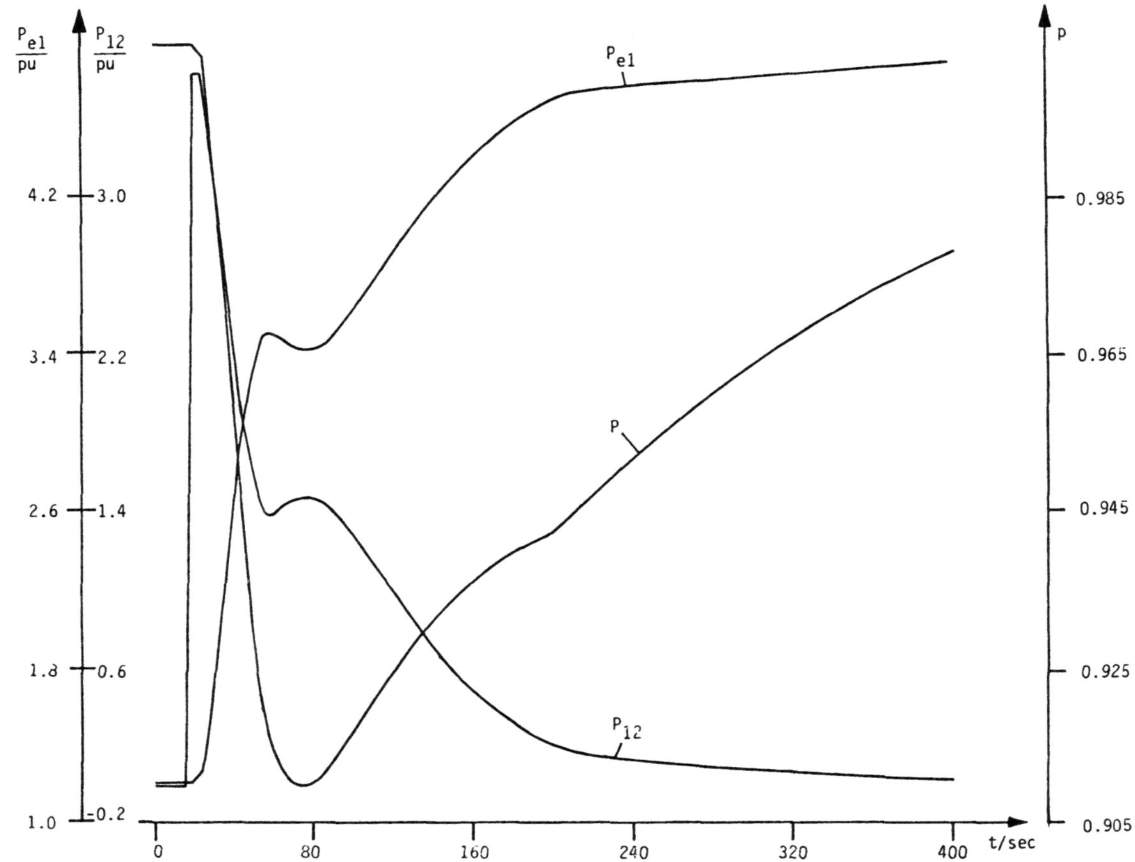

Bild 4.12: Aktivierung der gesamten thermodynamischen Reserve, $F_1 = F_2 = F_3 = 1$

4.5 Korrektur des Dämpfungsverhaltens thermischer Kraftwerke durch DDC-Algorithmen

4.5.1 Berücksichtigung von Forderungen des Kraftwerkes- und Netzbetriebes

In den Simulationen ist die geringe Dämpfung einiger Prozeßgrößen während des zeitlichen Übergangs auf einen neuen Betriebspunkt deutlich geworden. Dies führt zu einer hohen Beanspruchung einiger Systemkomponenten, weswegen ein quasistationärer Betrieb angestrebt wird, um stets eine vollständige Kontrolle über das Systemverhalten zu gewährleisten. Das Betriebsverhalten ist jedoch aus der Sicht eines sicheren Netzbetriebs bei Ausfall größerer Einspeisungen recht ungünstig, da eine momentane Leistungsaktivierung zu stark begrenzt ist und im vollen Umfang nur mit langen Verzögerungszeiten abläuft. Daher ist über den quasistationären Zustand hinaus auch im dynamischen Fall ein sicherer Betrieb anzustreben. Um dies zu erreichen, wird das Frequenzkennlinienverfahren zur Reglersynthese angewendet, wodurch insbesondere das Übergangsverhalten einzelner Prozeßgrößen beeinflußt werden kann, um die entsprechenden betrieblichen Vorschriften zu berücksichtigen.

Die optimale Regelungstheorie [6] gestattet es, eine bestimmte Kostenfunktion zu minimieren. Dies führt jedoch in vielen Anwendungsfällen zu einem unerwünschten dynamischen Verhalten der Regelstrecke, welches durch die Kostenfunktion nicht unmittelbar beeinflußt werden kann. Das Frequenzkennlinienverhalten [7, 8] erlaubt es hingegen, ein bestimmtes dynamisches Verhalten der Regelgrößen zu realisieren. Damit wird es ermöglicht, die Forderungen an das Verhalten der Stellgrößen und der Regelgrößen von Anfang an dem Zeitverhalten der Regelstrecke anzupassen, d.h. es kann auf jeden Fall vermieden werden, daß der Regelstrecke ein im voraus nicht abschätzbares dynamisches Verhalten aufgezwungen wird. Eine Erweiterung dieses Verfahrens ermöglicht unter Verwendung sogenannter Pseudofrequenzkennlinien den Entwurf zeitdiskret arbeitender Regelalgorithmen, die auf einem Prozeßrechner leicht realisiert werden können.

Das Verfahren wird hier auf eine linearisierte Form des Modells, das in Kap. 4.3.3 beschrieben wurde, angewendet.

4.5.2 Mathematische Beschreibung von Abtastsystemen

Die zeitdiskrete Signalverarbeitung durch Digitalrechner erfordert eine andere mathematische Behandlung als bei kontinuierlichen Systemen. Bild 4.13 verdeutlicht den Übergang von kontinuierlichen Signal u(t) in die Treppenfunktion $\bar{u}(t)$. Dieser Vorgang läßt sich durch einen idealen δ-Abtaster mit nachfolgendem Halteglied, die jeweils synchron mit der Abtastzeit T arbeiten, beschreiben. Die Haltefunktion kann durch einen D/A-Wandler realisiert werden.

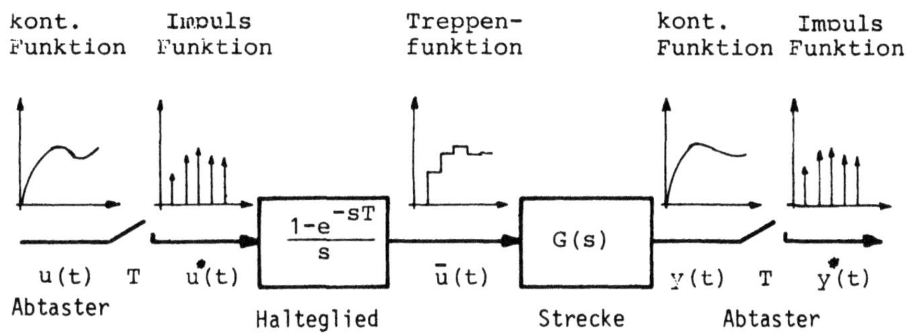

Bild 4.13: Übergang von der kontinuierlichen zur zeitdiskreten Signalverarbeitung

Die Eingangs- und Ausgangsgröße u(t) bzw. y(t) bilden somit eine Folge von Werten, die mit der Abtastzeit T nacheinander verarbeitet werden, auf welche die z-Transformation angewendet werden kann. Diese lautet für eine Folge f(iT), wobei T die Abtastzeit ist,

$$F(z) = \mathcal{Z}\{f(iT)\} = \sum_{i=0}^{\infty} f(iT)\, z^{-1} \qquad (4.39)$$

Für die mathematische Behandlung des Modells als Abtastsystem ist es notwendig, die z-Übertragungsfunktion anzugeben. Diese wird aus der s-Übertragungsfunktion des Modells G(s) unter Berücksichtigung des Halteglieds berechnet.

$$H_z(z) = \frac{Y(z)}{U(z)} = (1-z^{-1})\, Z\left\{\frac{G(s)}{s}\right\} \qquad (4.40)$$

Hierbei bedeutet der Operator Z { · } die inverse Laplace-Transformation mit anschließender z-Transformation. Ist G(s) eine rationale Funktion in s, so ist die z-Übertragungsfunktion eine rationale Funktion in z und kann als

$$H_z(z) = \frac{b_0 + b_1 z + \ldots + b_n z^n}{a_0 + a_1 z + \ldots + a_n z^n} \qquad (4.41)$$

geschrieben werden. In diesem Fall korrespondiert G(s) mit einer Differentialgleichung n-ter Ordnung. In Analogie läßt sich zu $H_z(z)$ eine Differenzengleichung n-ter Ordnung der Form

$$a_0\, y(kT) + a_1\, y(\overline{k+1}\, T) + \ldots + a_n\, y(\overline{k+n}\, T)$$
$$= b_0\, u(kT) + b_1 u(\overline{k+1}\, T) + \ldots + b_n\, u(\overline{k+n}\, T) \qquad (4.42)$$

angeben.

Stabilitätsuntersuchungen anhand der z-Übertragungsfunktion sind kompliziert und wenig anschaulich. In [9] wurde gezeigt, daß durch eine konforme Transformation

$$w = u + jv = \frac{z-1}{z+1} \qquad (4.43)$$

Abhilfe geschaffen werden kann. Durch Anwendung auf die z-Übertragungsfunktion $H_z(z)$ erhält man die w-Übertragungsfunktion

$$H(w) = H_z\left(\frac{1+w}{1-w} \right) \qquad (4.44)$$

Als Pseudo-Frequenzgang wird der Verlauf dieser Funktion entlang der imaginären Achse H(w=jv) bezeichnet. Dieser wird durch Phasen- und Betragsverlauf im Bode-Diagramm dargestellt. Die von Bode-Diagrammen kontinuierlicher Systeme her bekannten Stabilitätskriterien können nun in gleicher einfacher und eleganter Weise für Abtastsysteme angewendet werden.

4.5.3 Reglersynthese mit Hilfe von Pseudofrequenzkennlinien

Bei diesem Verfahren werden Regelkreise gemäß der Struktur in Bild 4.14 behandelt. Der zu entwerfende Regelalgorithmus und das zeitdiskrete Modell der Regelstrecke werden durch die w-Übertragungsfunktion R(w) bzw. H(w) beschrieben.

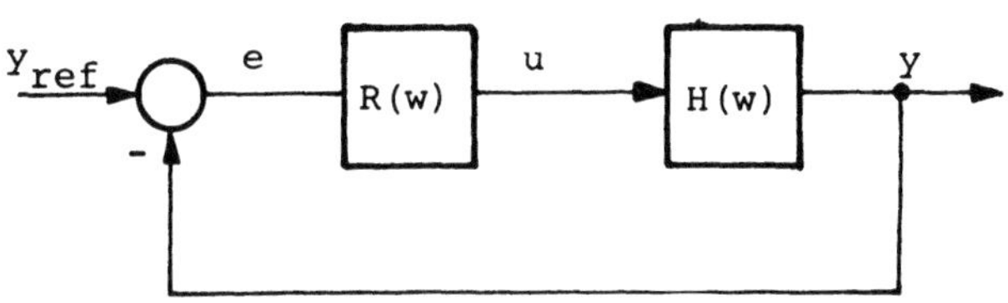

Bild 4.14: Grundkonfiguration eines Abtastregelkreises

Zur Beschreibung des dynamischen Verhaltens der Ausgangsgröße y(t) dienen Kenngrößen im Zeitbereich, die anhand der Sprungantwort h(t) (sprungförmige Eingangsgrößen) bzw. der Anstiegsantwort r(t) rampenförmige Eingangsgrößen) definiert werden. In Bild 4.15 sind die vier wichtigsten Parameter festgelegt:

a) die Überschwingweite M_p als Maß für die Stabilitätsgüte der Regelstrecke

b) die Anstiegszeit t_r als Maß für die Schnelligkeit des Systems,(T = Abtastzeit)

Die sich im stationären Zustand einstellende Abweichung der Ausgangsgröße von ihrem Sollwert wird als bleibende Regelabweichung bezeichnet und heißt bei der Sprungantwort

c) Lagefehler e_1

und bei der Anstiegsantwort

d) Geschwindigkeitsfehler e_2

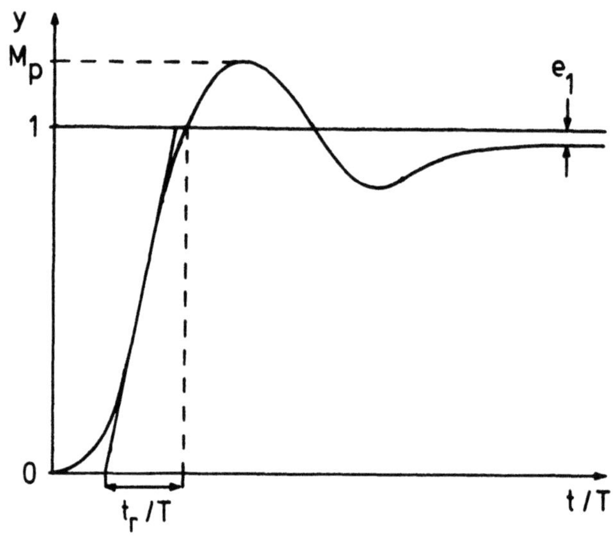

Bild 4.15: Sprungantwort mit den Kenngrößen des Zeitbereichs

Für den Entwurf eines geeigneten Regelalgorithmus wird der Pseudo-Frequenzgang $L(jv) = R(jv)\, H(jv)$ der offenen Regelstrecke betrachtet. Dieser wird durch folgende Kenngrößen charakterisiert:

a) Durchtrittsfrequenz v_c mit $|L(jv_c)| = 1$
b) Phasenreserve $\phi_R = 180° + \arg L(jv_c)$
c) offene Kreisverstärkung V
d) Anzahl der Pole r bei $w = 0$

Die beiden letzten Kenngrößen lassen sich aus der normierten Darstellung

$$L(w) = \frac{V}{w^r} \; \frac{Z(w)}{N(w)} \qquad (4.45)$$

mit $Z(0) = N(0) = 1$ ableiten.

Der Zusammenhang zwischen den Kenngrößen des Zeitverhaltens des geschlossenen Regelkreises M_p bzw. t_r und den Kenngrößen des Pseudo-Frequenzganges der offenen Regelstrecken ϕ_R bzw. v_c ist in [10] hergeleitet worden. In Bild 4.16 ist zu erkennen, daß mit einem vorgegebenen Wertepaar (M_p, t_r) die Größen (ϕ_R, v_c) eindeutig festgelegt sind. Die stationären Regelabweichungen hängen einerseits von dem Verlauf der Führungsgröße und andererseits von der Verstärkung V und der Anzahl der Pole r bei $w = 0$ ab. Der Zusammenhang ist in Tab.4.1 angegeben.

Für die Einhaltung einer geforderten stationären Regelgenauigkeit wird gemäß Tab.4.1 häufig ein Integralregler der Form $R_I(w) = V/w$ verwendet. Der Pseudo-Frequenzgang läßt sich durch Korrekturfilter der Form

$$R_c(w) = \frac{1 + {}^{w}\!/_{a}}{1 + {}^{w}\!/_{b}} \qquad (4.46)$$

meist genügend beeinflussen, um die erforderlichen Werte (ϕ_R, V_c) gemäß Bild 4.16 einzuhalten, die aus vorgegebenen Zeitcharakteristika (M_p, t_r) resultieren. Für $a < b$ hebt dieses Filter die Phase an und dient somit dazu, die notwendige Phasenreserve ϕ_R zu realisieren. Um die Durchtrittsfrequenz v_c einzuhalten, wird die Eigenschaft ausgenutzt, daß für $a > b$ die Betragskennlinie im Bereich $v > b$ um den Faktor b/a abgesenkt wird.

Die w-Übertragungsfunktion des Reglers wird schließlich in den Regelalgorithmus transformiert, indem der Zusammenhang von Gl.(4.41) und (4.42) ausgenutzt wird. Für einen Integralregler $R_I(w)$ erhält man den Algorithmus

$$u(\overline{k+1}\,T) = u(kT) + V[e(\overline{k+1}\,T) + e(kT)] \qquad (4.47)$$

wobei mit e(k) die Eingangswerte und mit u(k) die Ausgangswerte des Reglers bezeichnet sind. Ein Korrekturfilter nach Gl.(4.46) führt auf

$$u(\overline{k+1}\,T) = \frac{1-b}{1+b}\,u(kT) + \frac{b(a+1)}{a(b+1)}\,[e(\overline{k+1}\,T) + \frac{a-1}{a+1}\,e(kT)] \qquad (4.48)$$

Die Reglerparameter V,a,b können bei gegebenen Werten für v_c und ϕ_R mit einem interaktiven Rechenprogramm [11] bestimmt werden. Das Bode-Diagramm L(jv) wird in systematischer Weise solange modifiziert, bis die Reglerparameter, die zur Einhaltung der Forderungen geeignet sind, gefunden werden.

	r = 0	r = 1	r = 2
Sprungfunktion	$e_1 = \frac{1}{1+V}$	$e_1 = 0$	$e_1 = 0$
Rampenfunktion	$e_2 = \infty$	$e_2 = \frac{T}{2V}$	$e_2 = 0$

Tab. 4.1: Stationäre Regelgenauigkeit in Abhängigkeit der Verstärkung V und der Anzahl der Pole r bei w=0

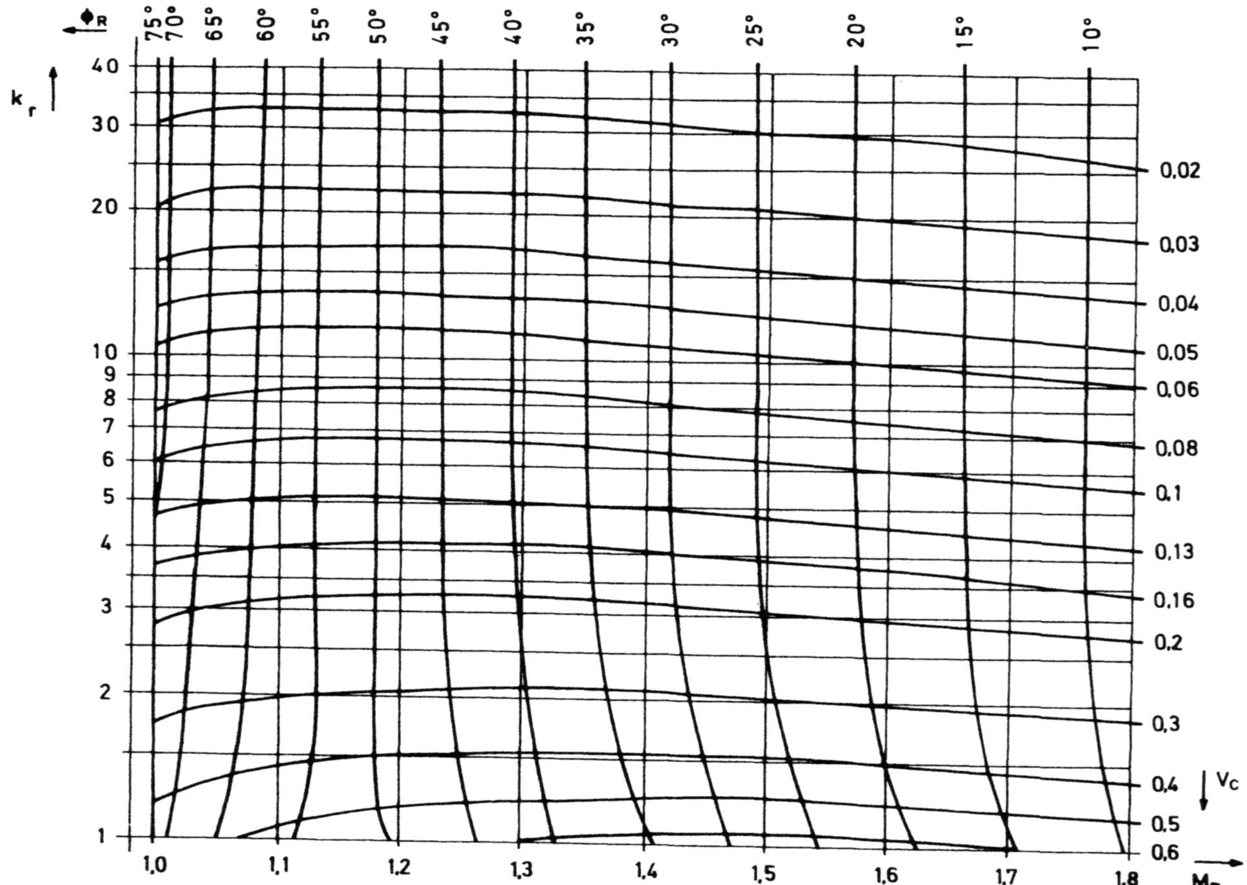

Bild 4.16: Zusammenhang zwischen den Kenngrößen im Zeit- und Pseudo - Frequenzbereich

4.5.4 Entwurf einer digitalen Kraftwerksregelung

In diesem Abschnitt wird das beschriebene Verfahren auf die Regelung der Turbinenleistung, der Speisewasserzufuhr und des Kesseldruckes angewendet. Dabei werden die einzelnen Regelkreise, die in Bild 4.6 zu erkennen sind, zunächst einzeln behandelt. Anschließend wird eine koordinierte Regelung entworfen.

Die nichtlinearen Elemente des Modells werden im folgenden vernachlässigt. Zur Überprüfung der Stabilität der Regelung wurde jeweils eine Simulation unter Berücksichtigung der Begrenzungen durchgeführt.

a) Die Turbinenleistungsregelung

Im ersten Schritt muß das Modell der Turbine einschließlich der Lastverstellung $G_3(s)$ $G_4(s)$ in Bild 4.6 als w-Übertragungsfunktion angegeben werden. Bei der gewählten Abtastzeit T = 2 sec erhält man

$$H_3(w) = \frac{(1+\frac{w}{0,4})\ (1-w)}{(1+\frac{w}{0,76})(1+\frac{w}{0,124})} \qquad (4.49)$$

Für die Ausgangsgröße der Regelstrecke, der abgegebenen mechanischen Antriebsleistung P_m, wird eine Anstiegszeit von t_r = 28 sec bei sprungförmiger Änderung des Sollwertes verlangt. Dieser Wert beträgt das 3-fache der Turbinenzeitkonstanten und gewährleistet somit eine geringe thermische Beanspruchung der Turbine. Nach Normierung erhält man die Anstiegzahl $K_r = t_r/T = 14$.

Um ein gut gedämpftes Verhalten der Antriebsleistung zu erhalten, wird mit der Forderung von M_p = 1,01 fast kein Überschwingungen zugelassen. Schließlich wird zur exakten stationären Ausregelung mit e_1 = 0 kein Lagefehler zugelassen.
Die zugehörigen Werte im Pseudofrequenzbereich sind gemäß Bild 4.16 und Tabelle 4.1:

$$v_c = 0{,}045,\ \phi_R = 72^\circ,\ r = 1$$

Nach Hinzufügen eines Integralreglers der Form

$$R(w) = \frac{0.06}{w} \tag{4.50}$$

erhält man den Pseudofrequenzgang $L(jv) = R(jv)\,H(jv)$ in Bild 4.17, mit dem die geforderten Kenngrößen bereits eingehalten werden. In der Simulation weist die Turbinenleistung bei einer sprungförmigen Änderung des Leistungssollwertes das gewünschte Zeitverhalten auf. Bild 4.18 zeigt das Ergebnis anhand des Verlaufs des Stellsignals u_3 und der Turbinenleistung P_T. Es konnte anhand dieses Beispiels gezeigt werden, daß im Gegensatz zum sonst üblichen Einsatz eines PI-Reglers ein I-Regler ausreichend sein kann. Dies wird durch die schwache Forderung an die Anstiegszeit t_r ermöglicht.

b) Die Speisewasserregelung

Für das Modell der Speisewasserzufuhr $G_5(s)$ lautet die w-Übertragungsfunktion bei der Abtastzeit T = 2 sec

$$H_5(w) = \frac{1-w}{1+w/0.039} \tag{4.51}$$

Die Forderungen an das Zeitverhalten nach sprungförmiger Änderung des Sollwertes sind hier:

$$M_p = 1.1,\ t_r = 13\text{sec und } e_1 = 0.$$

Mit der Anstiegszeit, die fast um den Faktor 2 kleiner als die Zeitkonstante der Speisewasserzufuhr ist, soll ein möglichst schnelles Zeitverhalten der Speisewasserzufuhr ermöglicht werden. Das zulässige Überschwingen wird auf ein Maß festgelegt, das im Hinblick auf die Amplitude der Stellsignale noch mit vertretbarem Aufwand zu realisieren ist.

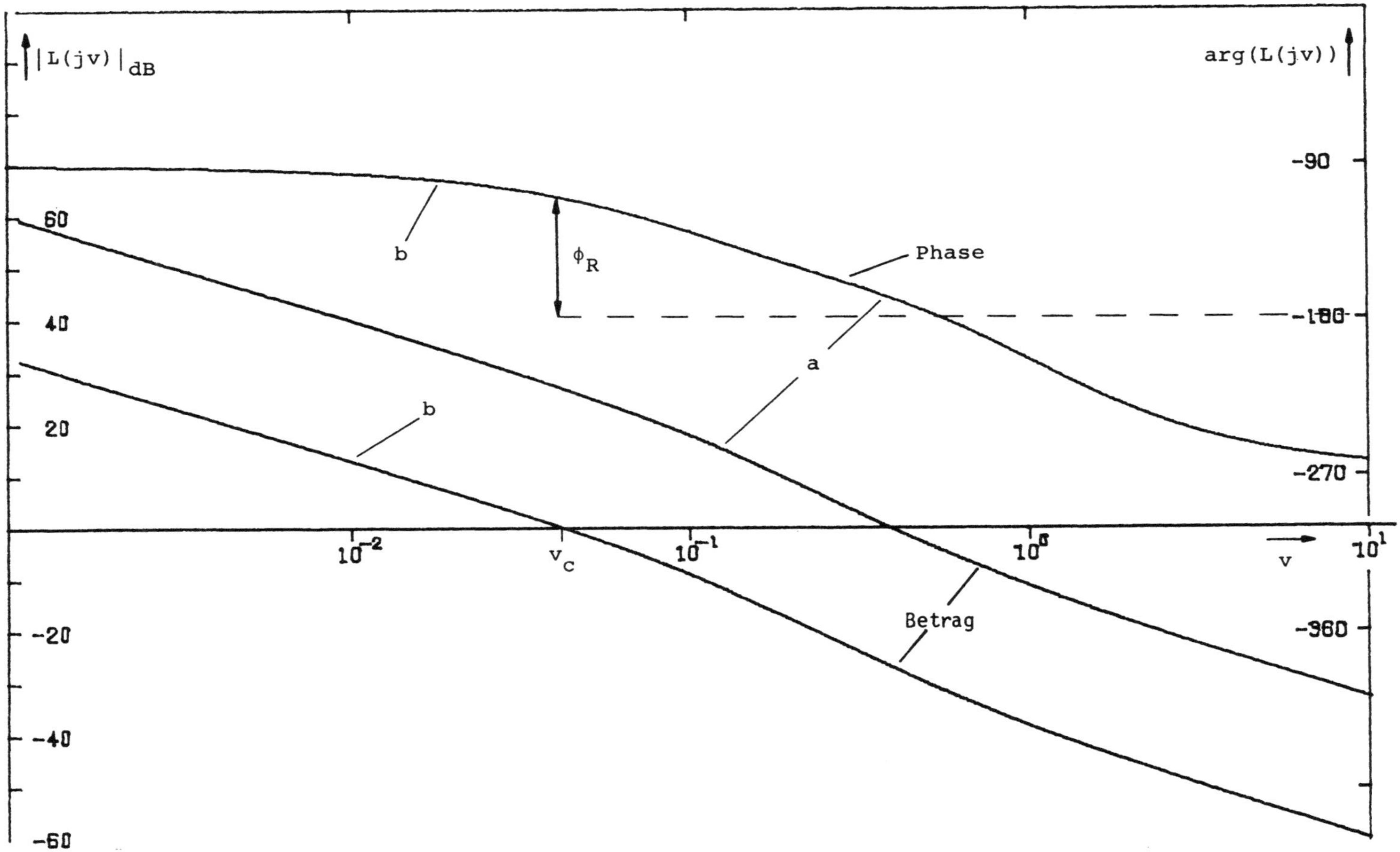

Bild 4.17: Bode - Diagramm des offenen Turbinenregelkreises

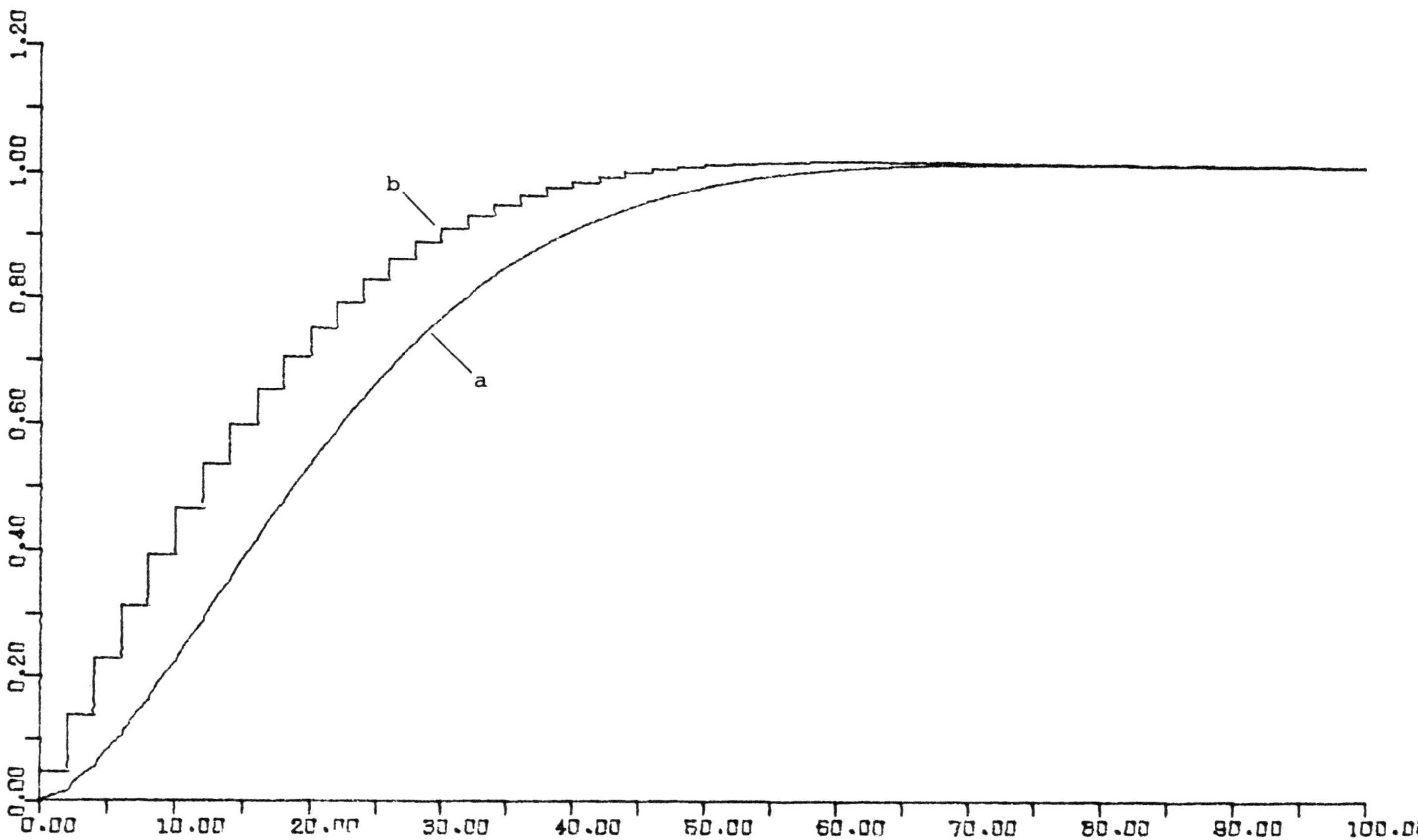

Bild 4.18: Sprungantwort des geschlossenen Turbinenregelkreises, a) mechanische Antriebsleistung P_T
b) Stellsignal u_3

Mit Hilfe von Bild 4.16 und Tab. 4.1 erhält man die folgenden Werte im Pseudofrequenzbereich:

$$v_c = 0.11, \qquad \phi_R = 59^\circ, \qquad r = 1$$

Wegen der geforderten stationären Genauigkeit ist ein Regler mit integrierendem Charakter erforderlich. Dies führt auf den Frequenzgang $L(jv) = H(jv)/jv$ gemäß Bild 4.19. Weder die Durchtrittsfrequenz v_c noch die Phasenreserve ϕ_R werden eingehalten. Die notwendige Phasenanhebung läßt sich durch ein geeignetes lead-Filter realisieren. Die Durchtrittsfrequenz v_c erhält man mit der Verstärkung $V = 0.18$. Das entworfene Korrekturfilter hat die w-Übertragungsfunktion

$$R_3(w) = 0{,}18 \; \frac{1+w/_{0.08}}{w(1+w)} \qquad (4.52)$$

Das entsprechende Bode Diagramm $L(jv) = R_1(jv)\,H(jv)$ ist als Kurve b in Bild 4.19 wiedergegeben. In der Simulation dieses Regelkreises werden alle vorgegebenen Spezifikationen im Zeitbereich eingehalten. Bild 4.20 gibt den Verlauf des Stellsignals u_1 und der Speisewassermenge m_s wieder.

c) Die Kesseldruckregelung

Der hier betrachtete Festdruckbetrieb ist durch die Regelung des Kesseldrucks auf einen festen Sollwert gekennzeichnet. Die verbrauchte Dampfmenge m_{DV} ist eine Störgröße für die Druckregelung. Eine sprungförmige Änderung dieser Größe entspricht wegen der nachfolgenden Integration einer rampenförmigen Störgröße am Ausgang der Regelstrecke. Das dadurch hervorgerufene dynamische Verhalten ist dem Führungsverhalten bei einer ebenfalls rampenförmigen Eingangsgröße gleichzusetzen. Daraus resultiert die Forderung für die Lage- und Geschwindigekeitsfehler, $e_1 = e_2 = 0$, um eine exakte stationäre Regelung im Festdruckbetrieb zu realisieren.

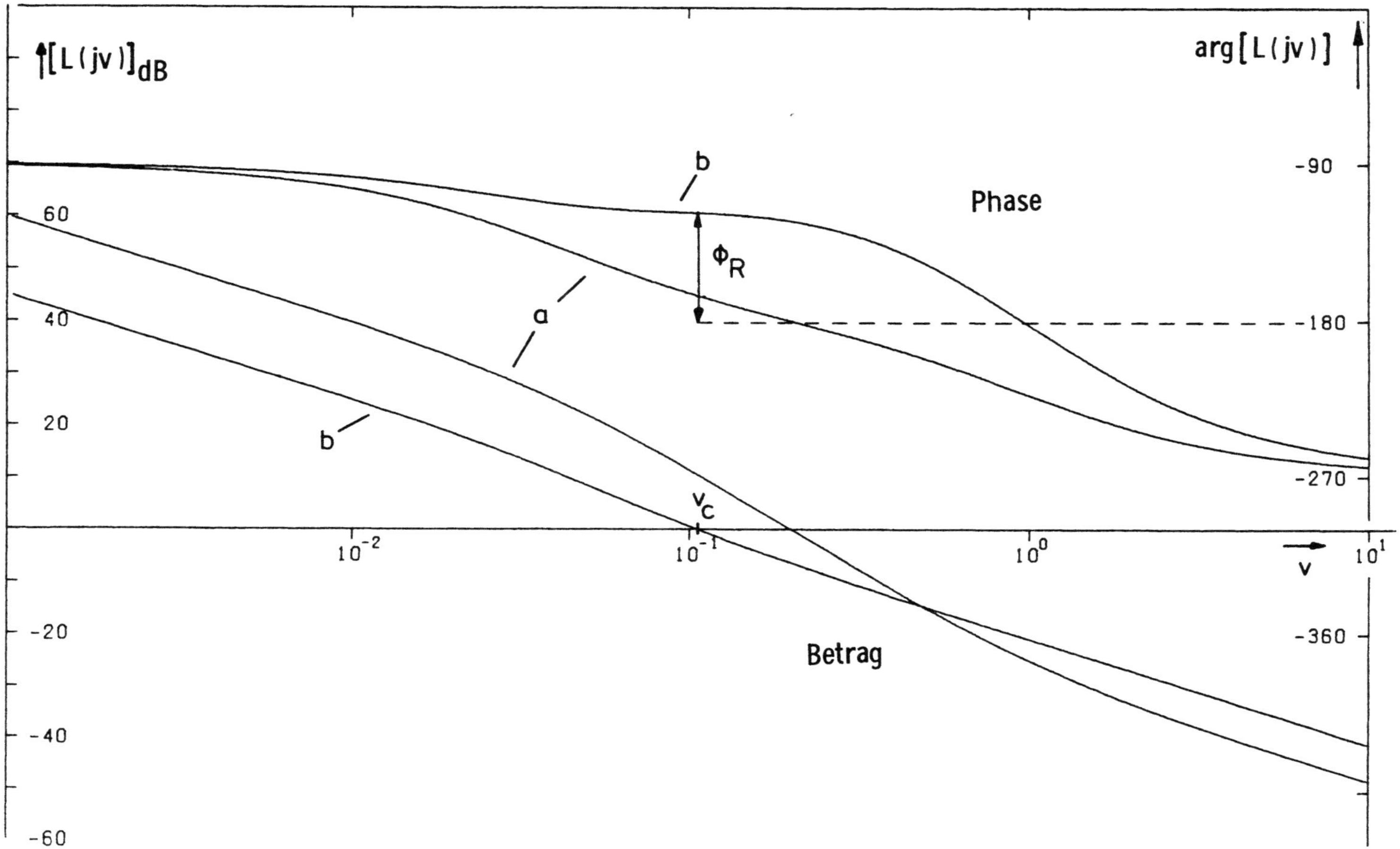

Bild 4.19: Bode - Diagramm des offenen Speisewasserregelkreises, a) $L(jv) = H_5(jv)/jv$ b) $L(jv) = R_1(jv)\ H_5(jv)$

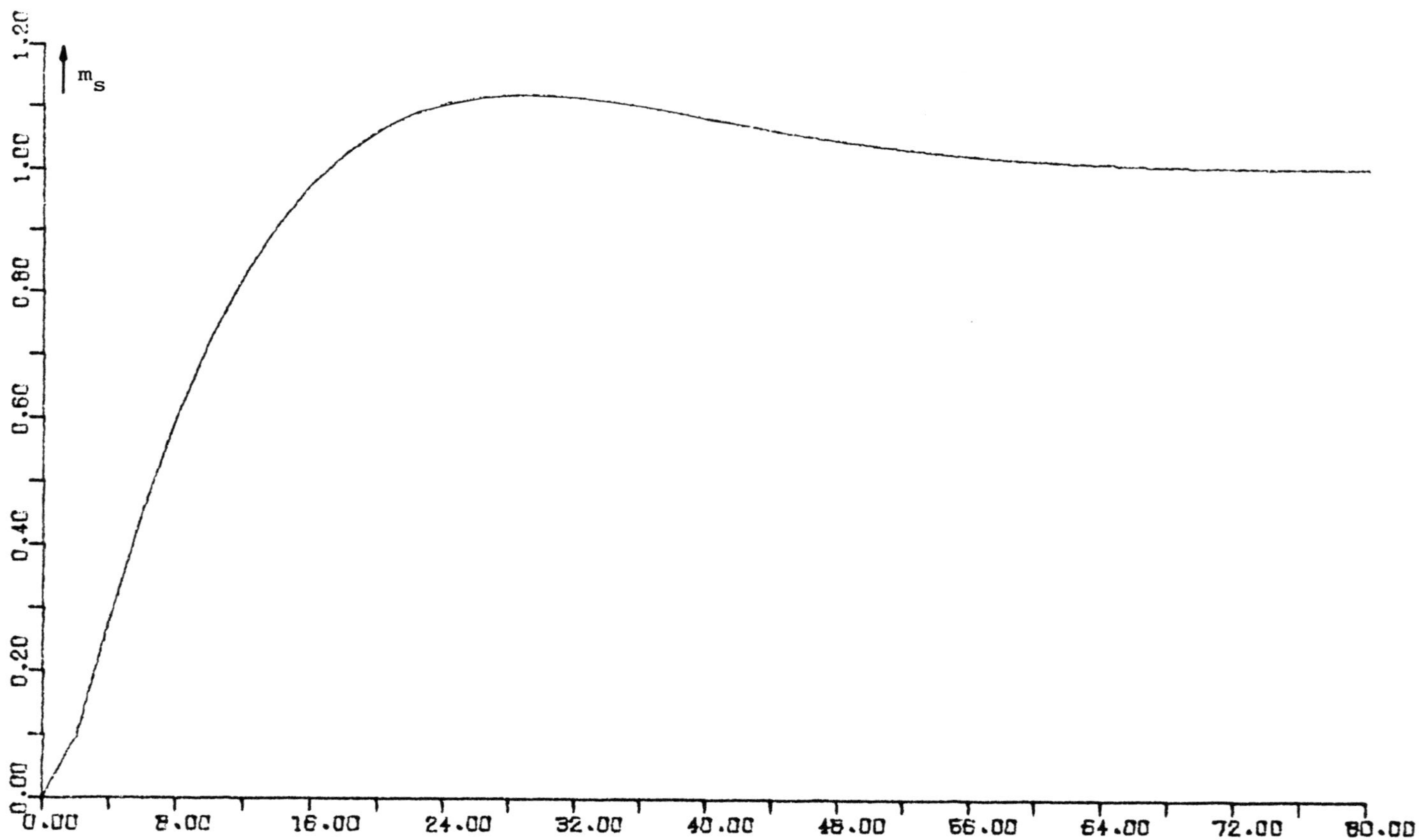

Bild 4.20a: Sprungantwort des geschlossenen Speisewasserregelkreises, Speisewassermenge m_s

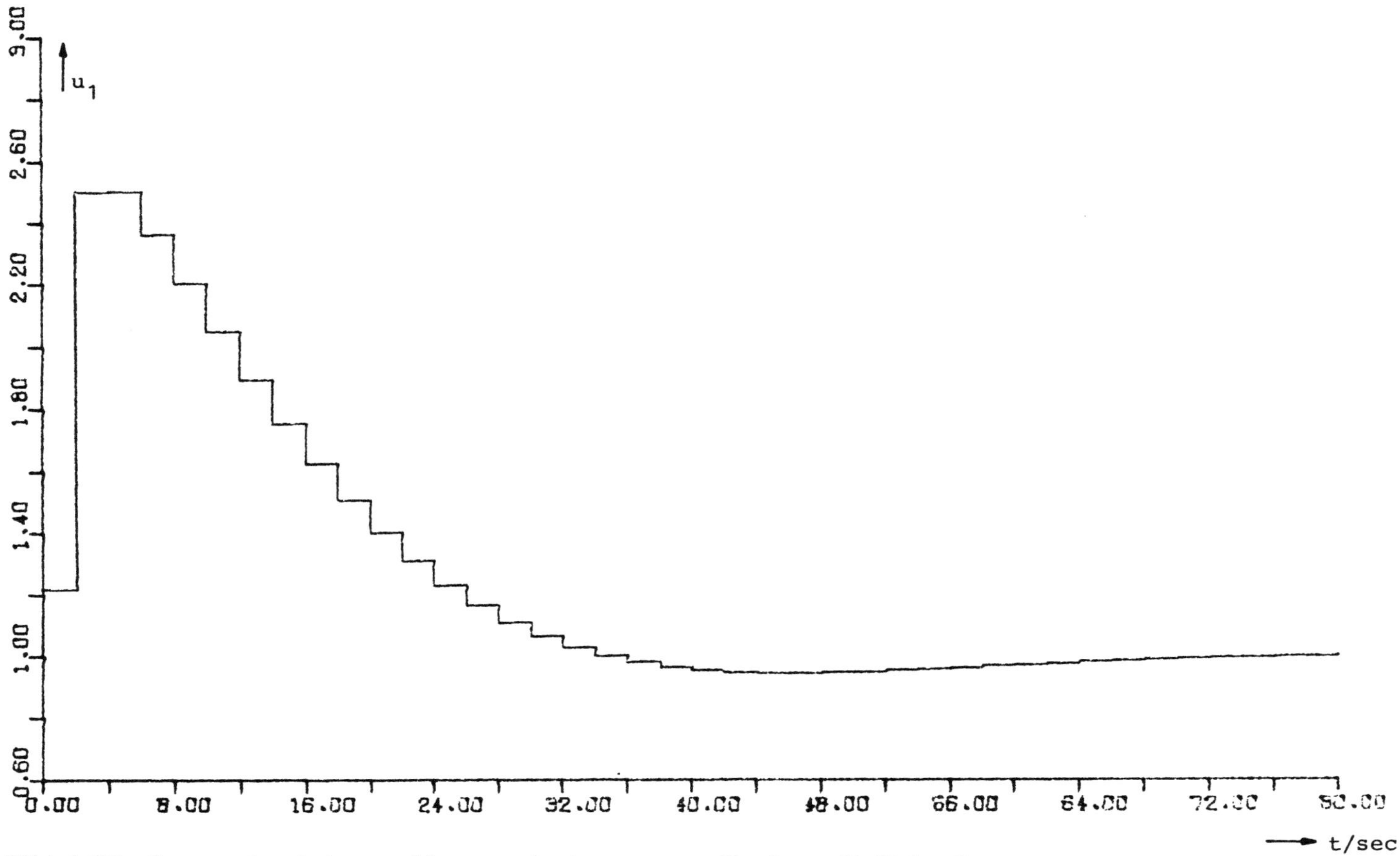

Bild 4.20b: Sprungantwort des geschlossenen Speisewasserregelkreises, Stellsignal u_1

Mit Rücksicht auf die Zeitkonstanten und die Totzeit wird das Überschwingen $M_p = 1.21$ und die Anstiegszeit $t_r = 140$ sec festgelegt. Für diese langsam ablaufenden Vorgänge kann die Abtastzeit T = 10 sec gewählt werden. Der Reglerentwurf im Pseudo-Frequenzbereich führt auf die w-Übertragungsfunktion des Reglers

$$R_3(w) = 0.02 \frac{(1+w/_{0.012})\ (1+w/_{0.01})}{w(1+w/_{0.4})} \tag{4.53}$$

Die vorgegebenen Spezifikationen für das Verhalten des Kesseldrucks können mit dem entsprechenden Regelalgorithmus eingehalten werden.

4.5.5 Regelung mit Störgrößenaufschaltung

Im vorausgegangenen Abschnitt wurden die Regler $R_1(w)$, $R_2(w)$ und $R_3(w)$ in Bild 4.6 einzeln entworfen, um vorgegebene Spezifikationen der jeweiligen Regelgrößen zu erfüllen. Im folgenden soll das Verhalten der gesamten Kraftwerkseinheit betrachtet werden.

Anhand der Blockstruktur einer Kraftwerkeinheit im Festdruckbetrieb ist zu erkennen, daß die verbrauchte Dampfmenge m_{dv} direkt als Störgröße im Druckregelkreis auftritt. Daher wurde untersucht, welche Prozeßgrößen des Turbinenregelkreises zur Störgrößenaufschaltung in der Kesselregelung geeignet sind, um eine schnellere Ausregelung des Druckes zu erreichen. Als Erweiterung der sonst üblichen rein proportionalen Störgrößenaufschaltung sind für die zusätzlichen Stellsignale die Filter $F_2(w)$, $F_2(w)$ und $F_3(w)$ vorgesehen. Deren Wirkung kann bei offenen Druckregelkreis im Pseudofrequenzbereich untersucht werden, d.h. ohne Rückführung des Kesseldrucks auf den Regler $R_2(w)$. Bild 4.21 zeigt mit Kurve b den Pseudo-Frequenzgang $p(jv)/P_{Tsoll}(jv)$ mit

$$R_2(w) = F_1(w) = F_2(w) = F_3(w) = 0$$

bezogen auf die Abtastzeit T = 2 sec. Damit wird das Verhalten des Kesseldrucks p in Abhängigkeit der Turbinenleistung P_{Tsoll} ohne Kesseldruckregler modelliert. Dieser Verlauf ist durch die Störgrößenaufschaltung möglichst zu kompensieren, wozu sich die Prozeßgröße P_{Tsoll} als ausreichend erweist. Also kann $F_1(w) = F_3(w) = 0$ gesetzt werden. Die mit einer rein proportionalen Aufschaltung von P_{Tsoll}, d.h. $F_2(w) = 1$, bereits erzielte Kompensation ist in Bild 4.21 durch Kurve a angegeben. Da die Kurven a und b für größere Werte von v nicht identisch sind, werden Störungen durch den Verlauf von $P_{Tsoll}(t)$ nicht vollständig kompensiert. Eine wirkungsvollere Störgrößenaufschaltung läßt sich mit Hilfe des Korrekturfilters der Form

$$R_4(w) = \frac{1+w/_{0.033}}{1+w/_{0.33}} \; \frac{1+w/_{0.3}}{1+w/_{0.1}} \; \frac{1+w/_{0.03}}{1+w/_{0.67}} \qquad (4.54)$$

erzielen. Zusammen mit dem Regler $R_2(w)$ läßt sich die Druckabweichung bei Laständerung in engeren Grenzen halten.

Bei Anwendung dieser Störgrößenaufschaltung kann die Forderung fallen gelassen werden, daß der Regler $R_2(w)$ einen integralen Anteil haben muß. Die für diesen Regler auszuregelnde Störung ist keine Rampenfunktion mehr, sondern wird durch $F_2(w)$ auf einen stationären Wert begrenzt. Eine erneute Reglersynthese ergibt für die Kesseldruckregelung den Regler

$$R_2(w) = 2.0 \; \frac{1+w/_{0.2}}{1+w/_{0.4}} \qquad (4.55)$$

Die Simulation der gesamten Kraftwerkseinheit wurde bei einer sprungförmigen Änderung der Führungsgröße für die Turbinenleistung P_{Tsoll} durchgeführt. In Bild 4.22 ist die digitale Regelung einer herkömmlichen analogen Regelung ohne systematischen Reglerentwurf gegenübergestellt. Alle Prozeßgrößen haben ein wesentlich günstigeres Einschwingverhalten. Obwohl die Amplitude des Stellsignals kleiner ist, wird eine geringere negative Druckabweichung als bei der analogen Regelung erzielt. Ein neuer stationärer Betriebspunkt stellt sich bei 200 sec ein, während im Fall der konventionellen Regelung die Obergangsphase nach Ablauf von 400 sec noch nicht beendet ist.

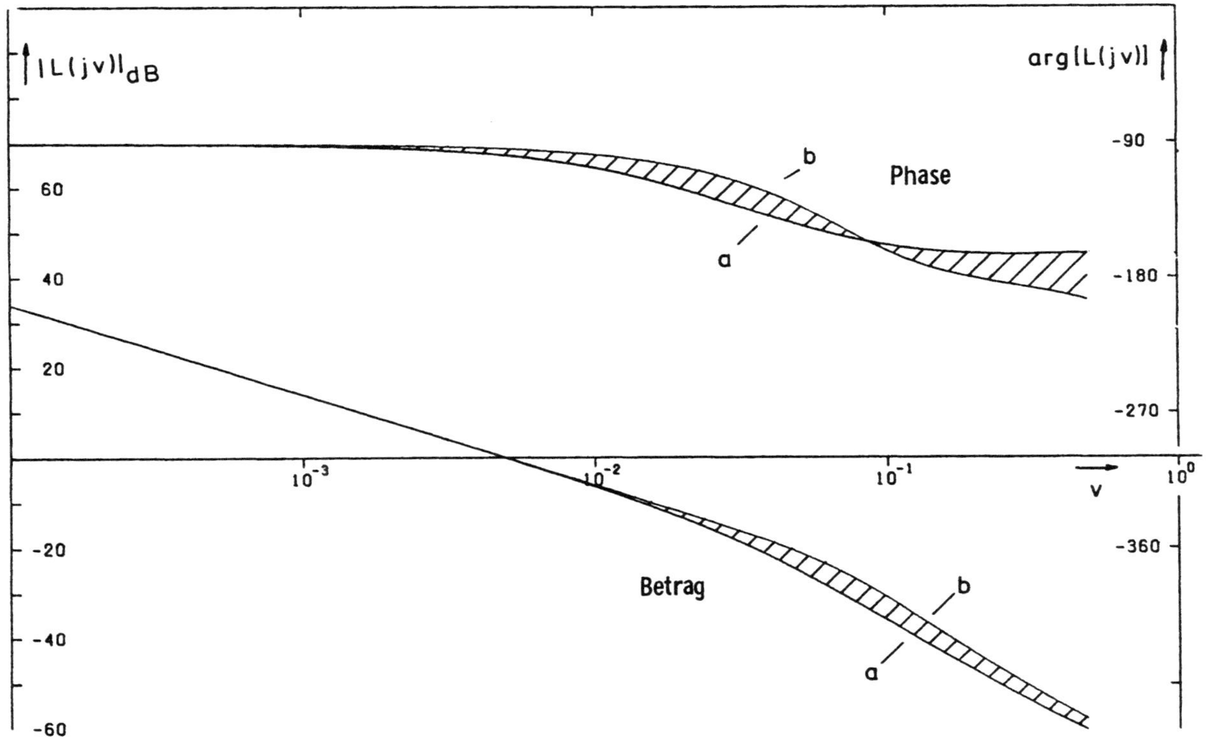

Bild 4.21: Einfluß von Störgröße und Störgrößenaufschaltung im Pseudo-Frequenzbereich

a) Störgrößenaufschaltung mit $R_4(w) = 1$

b) Störung durch verbrauchte Dampfmenge

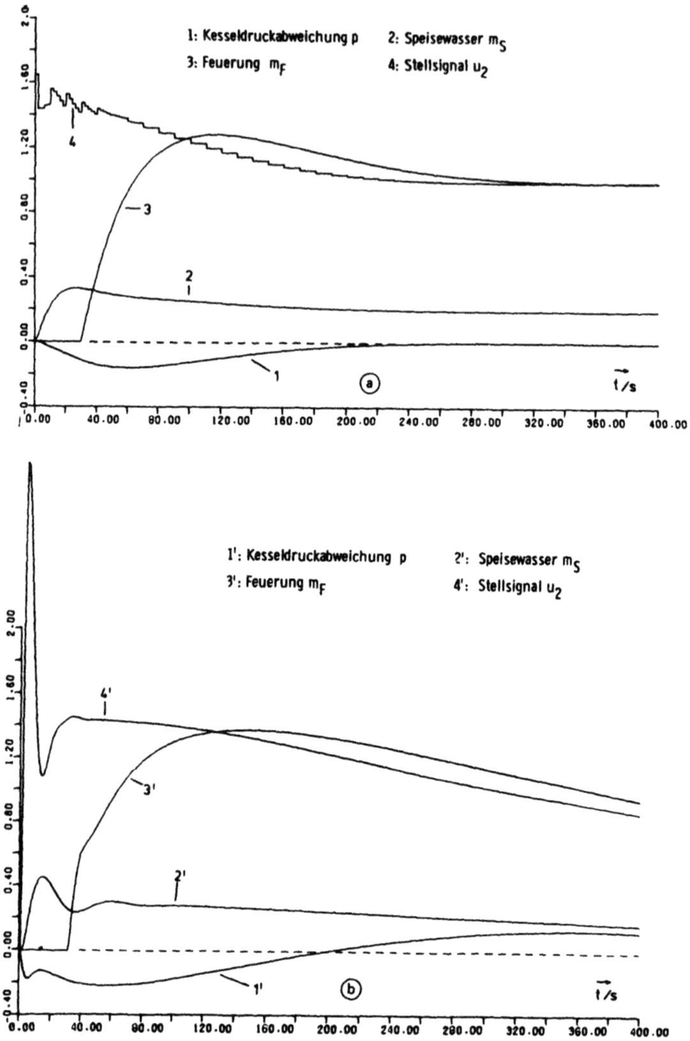

Bild 4.22: Vergleich von Übergangsfunktionen bei zwei Reglerrealisierungen für die Kraftwerksregelung

a) DDC - Realisierung

b) Analog - Realisierung

4.6 Zusammenfassung

Für die dynamische Beschreibung von elektrischen Energieversorgungssystemen werden Größen aus der quasistationären Betrachtungsweise verwendet, die zu diesem Zweck zunächst definiert wurden und deren Bedeutung für die dynamischen Eigenschaften anhand einiger typischer Ausgleichsvorgänge nach Störungen erläutert wurde.
Ebenso wurde das Problem der Lastflußberechnung für die dynamische Betrachtungsweise neu formuliert und die Modifikationen ausgehend von einer stationären Lastflußberechnung angegeben.

Die beschriebenen Modelle für Turbine, Kessel mit Brennstoff- und Speisewasserzufuhr ermöglichen es, die thermodynamische Reserve eines Netzbezirks zu berechnen, die in Form von Leistungsaktivierung innerhalb einiger Sekunden zur Verfügung steht. Darüber hinaus läßt sich auf der Basis dieses Kraftwerkmodells das Systemverhalten im Bereich von 1...15 Minuten durch einen Entwurf einer digitalen Regelung nach dem Pseudo-Frequenzkennlinienverfahren verbessern, wodurch die Sicherheit des Netzbetriebes erhöht werden kann und zugleich eine schonende Fahrweise der Kraftwerke gewährleistet bleibt.

Literatur

[1] Deutsche Verbundgesellschaft: "Das versorgungsgerechte Verhalten der thermischen Kraftwerke", DVG Heidelberg, März 1977

[2] K.W. Edwin, J. Nachtkamp: "Zur Frage der zuverlässigen Auslegung der elektrischen Anlagen großer Kraftwerksblöcke", VGB Kraftwerkstechnik 58, Heft 12, 1978, S. 857-861

[3] "Long Term Power System Dynamics", Volume 1 Summary and Technical Report, EPRI 90-7-0, Final Report, June 1974

[4] G. Stagg, A. El.-Abiad: " Computer Methods in Power Analysis", Mc-Graw-Hill, 1968

[5] E.Grebe, E.Handschin: "Simulation elektrischer Energieversorgungssysteme zur Untersuchung dynamischer Langzeitvorgänge", Interner Forschungsbericht des Lehrstuhls für elektrische Energieversorgung, Universität Dortmund, Juli 1977

[6] A.P. Sage: "Optimum System Control", Prentic-Hall 1968

[7] Chr. Landgraf, G.Schneider: "Elemente der Regelungstechnik", Springer Verlag 1970

[8] J.M. Horowitz: "Synthesis of Feedback Systems", Academic Press, New York and London 1963

[9] J. Pangalos, J. Voß: "Synthese von Abtastregelkreisen mit einem Freiheitsgrad im transformierten Frequenzbereich", Regelungstechnik 26, 1978, Heft 4, S. 123-129

[10] J.Voß: "Ein Verfahren für die indirekte Synthese von Abtastregelkreisen",
Dissertation Ruhr-Universität 1977

[11] G. Böhm, E. Grebe, J. Voß: "Alex, ein Programm zur Analyse und Synthese linearer Systeme",
Interner Bericht am Lehrstuhl für elektrische Energieversorgung, Universität Dortmund, 1978

5. Abschließende Bemerkungen

Der Bericht besteht aus drei wichtigen Beiträgen für die zentrale Netzleittechnik. Das Gebiet der computerorientierten Lastprognose ist als Voraussetzung für alle Arten der Optimierung zu betrachten, damit ein vernünftiger Startwert vorgegeben werden kann. Das vorgestellte Verfahren zeichnet sich durch Einfachheit und Robustheit aus. Die erreichte Genauigkeit ist befriedigend, kann aber durch Hinzunahme des Temperatureinflusses noch verbessert werden. Im Hinblick auf die Implementierung spielt die Frage der interaktiven Nutzung des Prognoseverfahrens eine ganz wichtige Rolle.

Die Momentanoptimierung, auf der Estimation aufbauend, führt zu den in Kapitel 3 zusammengestellten Ergebnisssen. Die Wirk- und Blindleistungsprobleme werden getrennt behandelt, da dadurch eine klar gegliederte, zeitliche Hierarchie der Netzregelung erzielt werden kann. Anhand einiger Beispiele wird gezeigt, welche Vorteile mit dem hier abgeleiteten Verfahren erreicht werden können. Die zugehörigen Programme sind modular aufgebaut und somit im Hinblick auf die praktische Implementierung gut vorbereitet.

Die Untersuchung des Netzbetriebes nach Störungen macht den Einsatz dynamischer Simulationsmethoden erforderlich. Dazu sind je nach interessierendem Zeitbereich geeignete Modelle erstellt worden. Zunächst wird anhand dieser Modelle das Systemverhalten erklärt. Darauf aufbauend wird gezeigt, wie im Sinne der präventiven Netzführung das regelungstechnische Kraftwerksverhalten mit in die Überlegungen einbezogen werden muß. Daraus sind Vorschläge entstanden, die zu einem verbesserten Systemverhalten führen und somit die stationären Optimierungsergebnisse weiter verbessern können.

FORSCHUNGSBERICHTE
des Landes Nordrhein-Westfalen

Herausgegeben
vom Minister für Wissenschaft und Forschung

Die ,,Forschungsberichte des Landes Nordrhein-Westfalen" sind in zwölf Fachgruppen gegliedert:

Geisteswissenschaften
Wirtschafts- und Sozialwissenschaften
Mathematik / Informatik
Physik / Chemie / Biologie
Medizin
Umwelt / Verkehr
Bau / Steine / Erden
Bergbau / Energie
Elektrotechnik / Optik
Maschinenbau / Verfahrenstechnik
Hüttenwesen / Werkstoffkunde
Textilforschung

WESTDEUTSCHER VERLAG
5090 Leverkusen 3 · Postfach 300620

GPSR Compliance

The European Union's (EU) General Product Safety Regulation (GPSR) is a set of rules that requires consumer products to be safe and our obligations to ensure this.

If you have any concerns about our products, you can contact us on ProductSafety@springernature.com

In case Publisher is established outside the EU, the EU authorized representative is:

Springer Nature Customer Service Center GmbH
Europaplatz 3
69115 Heidelberg, Germany

Batch number: 10584556

Printed by Printforce, the Netherlands